交通版高等职业教育规划教材

GAOZHI YINGYONG SHUXUE

高职应用数学

王才贤 主编

王小平 主审

人民交通出版社

内 容 提 要

本书以培养学生职业能力为主，力求以应用为目的，以必需、够用为度和少而精的原则，减少理论证明，从高等数学最基本的内容、概念与方法入手，注重基本技能的培养；注重微积分在汽车、经济管理等专业中的应用；注重利用数学方法解决相关专业问题的能力及创新能力的培养。本书内容包括函数、极限与连续、导数与微分、微分中值定理与导数的应用、一元函数积分学、积分的应用。书中还介绍了数学文化知识，作为科普性知识介绍，也是对学生的德育教育。

本书可供高职高专等职业类学校汽车类、经济管理类、文科类少学时的学生使用。

图书在版编目(CIP)数据

高职应用数学 / 王才贤主编. --北京 ：人民交通出版社，2012.9

ISBN 978-7-114-09981-6

Ⅰ.①高… Ⅱ.①王… Ⅲ.①应用数学－高等职业教育－教材 Ⅳ.①O29

中国版本图书馆 CIP 数据核字(2012)第 177896 号

书　　名：高职应用数学
著 作 者：王才贤
责任编辑：尤晓晞　郭红蕊
出版发行：人民交通出版社
地　　址：(100011)北京市朝阳区安定门外外馆斜街 3 号
网　　址：http://www.ccpress.com.cn
销售电话：(010)59757973
总 经 销：人民交通出版社发行部
经　　销：各地新华书店
印　　刷：北京鑫正大印刷有限公司
开　　本：787×1092　1/16
印　　张：10
字　　数：230 千
版　　次：2012 年 9 月 第 1 版
印　　次：2020 年 10 月 第 5 次印刷
书　　号：ISBN 978-7-114-09981-6
印　　数：9501－10500 册
定　　价：30.00 元

编 写 人 员

主　编:王才贤

副主编:王小平　何志伟

参　编:王　勇　唐卫国　戴必俊　高　健

主　审:王小平

前　言

本书是为高职院校汽车类、经济管理类、文科类等少学时专业编写的高等数学教材。

高职院校是为生产、管理、服务一线培养应用型、实用型人才的职业院校。在人才培养的课程体系中，职业类院校的培养目标和要求决定了高等数学这门课的性质，这是一门十分重要的文化基础课、基本素质课和工具课。

根据职业类学校汽车类专业、经济管理类专业及文科类学生对高等数学课程的基本要求，我们汲取了其他优秀教材的优点，对经典内容进行了精简与合并。本书从高等数学最基本的内容、概念与方法入手，注重基本技能的培养；注重微积分在汽车类、经济管理类等专业中的应用；注重利用数学方法解决相关专业问题的能力及创新能力的培养。书中为汽车类（包括汽车维修、汽车服务工程以及汽车营销类专业）的学生增加了应用举例，增加了经济学中常用的函数及数学方法。

本教材内容包括：绪论，函数，极限与连续，导数与微分，微分中值定理及导数的应用，一元函数积分学，积分的应用。

本书由王才贤担任主编，王小平、何志伟担任副主编，参加编写的还有王勇、唐卫国、戴必俊、高健等，由王才贤统稿，王小平担任主审。另外，顾燕庆参与了经济学部分的审稿，在此表示衷心的感谢！

由于水平有限，书中如有不妥之处，敬请专家、同行和读者批评指正，以便不断完善。

编　者

2012 年 3 月

目　录

第0章 绪 论

学习目标

本书是一本实用性的高等数学教材，主要讲述微积分，内容包括：函数、极限与连续、导数与微分、导数的应用、一元函数积分学、积分的应用。在学习之前，我们先了解一下什么是微积分及其起源、怎样学习微积分及需要哪些准备知识等。

§0.1 微积分的起源

一、什么是微积分

微积分是关于运动和变化过程的数学。哪里有运动或增长、变力做功产生的加速度，哪里要用到的数学就是微积分。微积分开创的初期是这样，今天仍然是这样。

微积分是一种数学思想，使用的方法是"无限细分"和"无限求和"。"无限细分"就是"微分"，"无限求和"就是"积分"。"无限"就是"极限"，极限的思想是微积分的基础，它是用一种运动的思想看待问题。比如，子弹飞出枪膛的瞬间速度就是微分的概念，子弹每个瞬间所飞行的路程之和就是积分的概念。

如果将数学比作一棵大树，那么初等数学就是树的根，众多的数学分支是树枝，而树干的主要部分就是微积分。微积分堪称是人类智慧最伟大的成就之一。从17世纪开始，随着社会的进步和生产力的发展，以及如航海、天文、矿山建设等许多问题要解决，数学开始研究变化的量，数学进入了"变量数学"时代，从而使微积分不断完善成为一门学科。整个17世纪有数十位科学家为微积分的创立做了开创性的研究，使微积分成为数学的一个重要分支。

二、微积分的起源

1.微积分的思想萌芽

"一尺之棰，日取其半，万世不竭"。这是战国时期名家的代表作《庄子·天下》惠施的一段话。惠施本人没有留下著作，《庄子·天下》保存了他的"历物十事"和"二十一个命题"。这个命题的意思是：一尺长的木棍，每天截去它的一半，千秋万代也截不完。引用到数学上来，一个任意的不为0的正数比如1，连续地用2除，所得结果就会是$\frac{1}{2}$，$\frac{1}{4}$，$\frac{1}{8}$，$\frac{1}{16}$，$\frac{1}{32}$，$\frac{1}{64}$，$\frac{1}{128}$，$\frac{1}{256}$，$\frac{1}{512}$，$\frac{1}{1024}$……直到渐趋于0，但是永远也达不到0，这就是极限。惠施富有抽象思维能力和逻辑推演能力，但也出现了前后矛盾。"历物十事"的第一个论断是"至大无外，谓之大一;至小无内,谓之小一"。这便是有限而不可分的了。他对老子的"一"做了两极的推进:"大一"可以大到无所不包,相当于古之"太极"、今之"宇宙";"小一"小到不能再分割,相当于古希腊哲学中的"原子"。往两个方向推是对的,但没有至大无外的大一和至小无内的小一,因为宇宙万物是无限可分的,是无穷大的,也是无穷小的。

至公元三世纪,三国魏人刘徽作《九章算术》注,提出"割圆术",以圆的内接正 $6\times2n-1$ $(n=1,2\cdots\cdots)$ 边形的面积 A_n 近似单位圆的面积 $\pi(\pi\approx A_n)$,算到 $6\times25=192$ 边形,得 $\pi\approx$ 157/50 或 3.14,又进一步算到 $6\times29=3072$ 边形,得到一个相当于 3.14159 的分数。刘徽认为:"割之弥细,失之弥少,割之又割,以至于不可割,则与圆合体而无所失矣"。即 n 越大,$\pi-A_n$ 越小;$n\to\infty$,$\pi-A_n\to0$,则 $A_n\to\pi$,剩余面积可以被"竭尽",这种思想也含有积分的雏形。刘纯称之为"无穷分割求和原理"。刘徽的工作影响较大,后来有祖冲之更好的结果。众所周知,当代专家对"割圆术"的兴趣有增无减,有钱宝琮、杜石然的文章,有李约瑟(Joseph Needham)的论述,有 2000 年出版的王能超的专著《千古绝技"割圆术"》。

阿基米德借助于穷竭法解决了一系列几何图形的面积、体积计算问题。他的方法通常被称为"平衡法",其中心思想是:要计算一个未知量(图形的体积或面积),先将它分成许多微小的量(如面分成线段,体积分成薄片等),再用另一组微小的单元来进行比较。这实际上是一种原始的积分法,也是近代积分的基本思想。而阿基米德可以当之无愧地被称为"积分学的先驱"。除了伟大的牛顿和伟大的爱因斯坦,再没有一个人像阿基米德那样为人类的进步做出过那样大的贡献。即使牛顿和爱因斯坦也都曾从他身上汲取过智慧的灵感。阿基米德的名言:"给我一个支点,我将撬动地球"。

中国古代思想家荀况(公元前 313～238)的《荀子・大略》中有"尽小者大,积微者著"一语,使我们想起荀子的名言:"不积跬步,无以至千里;不积小流,无以成江海",之后何承天(370～447)"积微之量"一说也继承这种思想。至 11 世纪宋代沈括(1031～1095)在《梦溪笔谈》中也提到"造微之术",当代英国著名科学史专家李约瑟博士认为,他的思想和 600 年后微积分先驱者卡瓦列里(1598～1647,Cavalieri,B)的无穷小求和相当,沈括知道,分割的单元越小,所求得的体积、面积越精确。上述这些思想尽管没有导致微积分在中国诞生,但对近代(清)李善兰将西方微积分学介绍到中国,并翻译《代微积拾级》,首创"微分"、"积分"等许多贴切的中文译名不无影响,也说明我国古代微积分的观念发端甚早,渊源很深。古代由几何问题引起极限,微积分等观念思想的萌芽的出现,所用方法本质上是静态的;经过不断发展牛顿(1642～1727,Newton,I)、莱布尼兹(1646～1716,Leibniz,G. W)等在他们的先驱者所做工作的基础上,发展成动态分析的方法。

2. 十七世纪微积分的酝酿

微积分思想真正的迅速发展与成熟是在 16 世纪以后。1400～1600 年的欧洲文艺复兴,使得整个欧洲社会全面觉醒。

一方面,社会生产力迅速提高,科学和技术得到迅猛发展;另一方面,社会需求的急需增长,也为科学提出了大量的问题。这一时期,对运动与变化的研究已变成自然科学的中心问题,以常量为主要研究对象的古典数学已不能满足要求,科学家们开始由对以常量为主要研究对象的研究转移到以变量为主要研究对象的研究上来,自然科学开始迈入综合与突破的阶段。

微积分的创立，首先是为了处理17世纪的一系列主要的科学问题。

(1)如何确定非匀速运动物体的速度与加速度及瞬时变化率问题。

(2)望远镜的设计需要确定透镜曲面上任意一点的法线，求任意曲线的连续变化问题。

(3)确定炮弹的最大射程及寻求行星轨道的近日点与远日点等涉及的函数极大值、极小值问题。

(4)行星轨道运动的路程、行星矢径扫过的面积以及物体重心与引力的计算等。

这一时期的几位科学大师及其工作是：

开普勒的无限小元法：即用无数个同维无限小元素之和来确定曲边形的面积及旋转体的体积。

卡瓦列里的不可分量法："两个等高的立体，如果它们的平行于底面且离开底面有相等距离的截面面积之比为定值，那么这两个立体的体积之间也有同样的比"。他利用这个原理建立了等价于下式的积分

$$\int_0^a x^n \mathrm{d}x = \frac{a^{n+1}}{n+1}$$

的结果，使早期积分突破体积计算的现实原型而向一般算法过渡。

巴罗的"微分三角形"：给出了求曲线切线的方法。这对于他的学生牛顿完成积分理论起到了重要作用。

笛卡儿、费尔马的解析几何方法：对推动微积分的早期发展方面有很大影响，牛顿就是以此为起点而开始研究微积分的。

沃利斯(在牛顿和莱布尼茨之前将分析方法引入微积分贡献最突出的数学家)在其著作《无穷算术》中，他利用算术不可分量方法获得了一系列重要结果，形成了"无穷算数"。

3.微积分的创立——牛顿和莱布尼茨的工作

(1)牛顿的"流数术"

牛顿于1665年11月发明"正流数术"(微分法)，1665年5月建立"反流数术"(积分法)。1666年10月，牛顿将前两年的研究成果整理成一篇总结性论文——《流数简论》，明确了现代微积分的基本方法，这是历史上第一篇系统的微积分文献。牛顿将自古希腊以来的求解无限小问题的各种技巧统一为两类变通的算法——正、反流数术(流数就微商)，并证明了二者的互逆关系，将这两类运算进一步统一成整体，这是他超越前人的功绩，也正是在这样的定义下，我们说牛顿发明了微积分。

(2)莱布尼茨的微积分工作

与牛顿的切入点不同，莱布尼茨创立微积分首先是出于几何问题的思考，尤其是特征三角形的研究。1684年，莱布尼茨整理、归纳了自己1673年以来微积分研究的成果，在《教师学报》上发表了第一篇微分学论文《一种求极大值与极小值以及求切线的新方法》，它包含了微分记号以及函数和、差、积、商、乘幂与方根的微分法则，还包含了微分法在求极值、拐点以及光学等方面的广泛应用。1686年，莱布尼茨又发表了他的第一篇积分学论文，这篇论文初步论述了积分或求积分问题与微分或切线问题的互逆关系，包含积分符号。

(3)18世纪微积分的发展

从17世纪到18世纪的过渡时期，法国数学家罗尔在其论文《任意次方程一个解法的证

明》中给出了微分学的一个重要定理，也就是现在所说的“罗尔中值定理”。

微积分的两个重要奠基者是伯努里兄弟雅各布和约翰，他们的工作构成了今天初等微积分的大部分内容。其中，约翰给出了求未定型极限的一个定理，这个定理后由约翰的学生洛必达编入其微积分著作《无穷小分析》，现在通称为洛必达法则。

4.微积分的严密性

微积分学创立后，由于运算的完整性和应用的广泛性，使微积分学成了研究自然科学的有力工具。但微积分学中的许多概念都没有精确的定义，特别是对微积分的基础——无穷小的概念不明确，在运算中时而为零，时而非零，出现了逻辑上的困境。正因为如此，这一学说从开始就受到多方面的怀疑和批评。

最令人震撼的抨击是来自英国的克罗因的主教贝克莱。贝克莱集中攻击了微积分中关于无限小量的混乱假设。他说：“这些消失的增量究竟是什么？它们既不是有限量，也不是无限小，又不是零，难道我们不能称它们为消失量的鬼魂吗？”这就是著名的“贝克莱悖论”。

贝克莱的许多批评切中要害，客观上揭露了早期微积分的逻辑缺陷，引起了当时不少数学家的恐慌。这也就是我们所说的数学发展史上的第二次“危机”。第二次数学危机的实质应该说就是极限的概念不清楚，极限的理论基础不牢固。也就是说，微积分理论缺乏逻辑基础。到19世纪，一批杰出数学家辛勤、天才地工作，终于逐步建立了严格的极限理论，并把它作为微积分的基础。应该指出，严格的极限理论的建立是逐步的、漫长的。完善时期的代表人物有达朗贝尔、波尔查诺、柯西、魏尔斯特拉斯等。做出决定性工作、可称为分析学的奠基人的是法国数学家柯西。他在1821～1823年间出版的《分析教程》和《无穷小计算讲义》是数学史上划时代的著作。他对极限给出比较精确定义，然后用它定义连续、导数、微分、定积分和无穷级数的收敛性，已与我们现在教科书上的差不多了。另一位为微积分的严密性做出卓越贡献的是德国数学家魏尔斯特拉斯。他定量地给出了极限概念的定义。魏尔斯特拉斯用他创造的一套语言重新定义了微积分中的一系列重要概念，终于使分析学从完全依靠运动学、直观理解和几何概念中解放出来，消除了“贝克莱悖论”。基于魏尔斯特拉斯有分析学严格化方面的贡献，在数学史上，他获得了“现代分析之父”的称号。

§0.2　怎样学习微积分

一、学什么

1.学知识(学完微积分，你就能回答下列问题)

(1)$y=x^2$这条曲线在点$B(1,1)$处的切线方程是怎样得到的？

(2)图0-1中阴影部分的面积是怎样计算的(极限、不定积分、定积分)？

(3)OB弧的长度是如何计算的？

(4)图中阴影部分的图形绕x轴(或y轴)旋转一周的立体图形(图0-2)的体积是怎样得到的？

在整个微积分的学习过程中，函数是微积分的研究对象，极限理论是微积分的重要基石，微积分学和积分学是建立在它们之上的两个主要内容，微分学和积分学不是孤立的两部分，而是相互关联的，微积分基本定理是联系它们之间的纽带。

2. 学思维

当代著名数学家柯朗曾说过："微积分，或数学分析，是人类思维的伟大成果之一"。数学不仅是一种重要的"工具"，也是一种思维模式，即"数学方式的理性思维"。

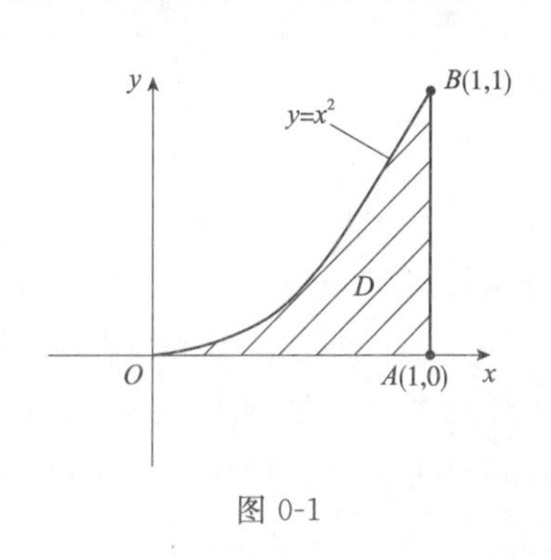

图 0-1

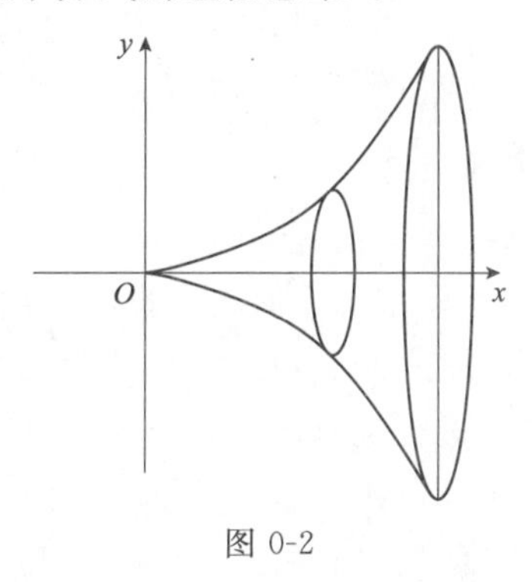

图 0-2

二、为什么要学习微积分

1. 数学的重要性

什么是高新技术？——本质上就是数学技术。

什么叫现代化？——在某种意义上说就是数学化。

三大科学是什么？——数学科学、自然科学、社会科学成为当今的三大科学。

微积分是学习专业技术课的基础。

过去数学常被看成是"思维的体操"，是一种"科学的语言"，是服务于其他学科的基础。数学对于社会的作用是间接的，是"配角"，只有通过物理、化学、生物等其他科学技术才有可能展现出它的价值。现在对这个问题的认识，已从观念上发生了根本的变化。原美国数学的现状和未来委员会主席 E. E. David 说得好："高科技本质上是数学技术"。我国著名数学家、科学院院士、北京大学原数学科学院院长姜伯驹教授指出："数学已从幕后走到了前台，直接为社会创造价值，在某些方面已从配角变成了主角"。数学将越来越成为人们生活的需要，数学素质将是人们文化素质的最重要的构件之一。

在数学与其他科学的关系方面，培根曾说过数学是"通向科学大门的钥匙"；伽利略说"自然界的伟大的书是用数学语言写成的"。物理定律，以及科学的许多最基本的原理，全是用数学语言表示的。物理大师爱因斯坦认为"理论物理学家越来越不得不服从于纯数学的形式的支配之中"；理论物理的"创造性原则寓于数学之中"。"我们生活在受精确的数学定律制约的宇宙之中"，正是这种制约使得世界成为可认识的。

数学虽不研究事物的质，但任一事物必有形和量，所以数学无处不在、无时不用。经济建设、科学技术（特别是高科技）、军事国防；运筹学、控制论与数理科学中，大部分内容属于应用数学，而经济数学、生物数学等，则是比较标准的应用数学学科。近 40 年来，计算数学迅速发展，计算力学、计算物理、计算化学、计算概率等学科陆续诞生，使得计算数学雄风大震。今天,人们已把计算作为与理论、实验鼎足而立的第三种科学方法引入科学界。"……数学对生物学、经济学、语言学、管理学、控制论等的渗透和应用,都会有更大的发展"。

数学的发展以及数学应用的广泛深入,必将进一步促进物理、化学、生物等自然科学和其他交叉学科的迅猛发展。随着计算器、计算机迅速发展普及,对数学、物理、化学、生物等各学科的学习和学科教育必然产生极大的影响。

寻找自然规律的数学表达式成为一种趋势,也是该学科成就的标志。这种趋势发展到今天,就形成了数学模型。微积分是最出色的数学模型之一。

2. 素质教育

学习数学不仅是学习一些知识,也是一种培养一种素质,即"数学素质"。

著名数学家李大潜院士指出:"数学教育本质上就是一种素质教育"。体现在:①具有运用数学语言的能力;②具有处理数据和图形的能力,重点是应用意识和数学建模的能力;③具有进行逻辑推理和选择计算方法的能力;④具有判断计算和推理结果正确性的能力;⑤具有自己主动学习、适应各种复杂环境的能力;⑥养成主动合作的团队精神、坚韧不拔的科学态度;⑦具有高水平的审判观。

3. 怎样学

遵循十六字方针:认真听课、积极思考、主动提问、努力实践。

学习本身是一项创造性的活动,在学习中倾主要精力于以下两件事:第一是发现知识的过程;第二是发现该知识时所用的数学思想及方法。

§0.3 常用集合及运算符号

一、集合

1. 定义

$M=\{x|x$ 所具有的特征$\}$表示 M 是具有某种特征元素 x 所组成的集合。

符号"$\in$"表示属于,符号"$\notin$"表示不属于。

设 A 是集合,x 是元素,$x\in A$ 表示 x 属于 A,$x\notin A$ 表示 x 不属于 A。

符号"$\subseteq$"表示包含,符号"$\subsetneqq$"表示真包含,符号"$\varnothing$"表示空集,符号"$\cup$"表示并集,符号"$\cap$"表示交集,符号"$\setminus$"表示差集。

设 A、B 是两个集合,如果集合 A 的元素都是集合 B 中的元素,即若 $x\in A$,必有 $x\in B$,那么我们就称 A 是 B 的子集,记作 $A\subseteq B$;若 $A\subseteq B$,且 $B\subseteq A$,则称相等,记作 $A=B$。

由所有属于 A 或者属于 B 的元素组成的集合,称为 A 与 B 的并集,记作 $A\cup B$,即

$$A\cup B=\{x|x\in A \text{ 或 } x\in B\}$$

由所有属于 A 且属于 B 的元素组成的集合,称为 A 与 B 的交集,记作 $A\cap B$,即

$$A\cap B=\{x|x\in A \text{ 且 } x\in B\}$$

由所有属于 A 但不属于 B 的元素组成的集合,称为 A 与 B 的差集,记作 $A\setminus B$,即

$$A\setminus B=\{x|x\in A \text{ 且 } x\notin B\}$$

2. 集合的运算规律

交换律:

$$A\cup B=B\cup A;A\cap B=B\cap A$$

结合律:

$$(A\cup B)\cup C=A\cup(B\cup C);(A\cap B)\cap C=A\cap(B\cap C)$$

分配律:

$$(A\cup B)\cap C=(A\cap C)\cup(B\cap C)$$
$$(A\cap B)\cup C=(A\cup C)\cap(B\cup C)$$

吸收律:

$$A\cup A=A;A\cap A=A$$
$$A\cup\varnothing=A;A\cap\varnothing=\varnothing$$

二、数集

本教材所讲的数都是实数。如果集合的元素是数,则称为数集。常用的有实数集、有理数集、整数集、自然数集,以及正整数集等。它们通常用下面的符号表示:

全体实数组成的集合称为实数集,记作 **R**;

全体有理数组成的集合称为有理数集,记作 **Q**;

全体整数组成的集合称为整数集,记作 **Z**;

全体自然数组成的集合称为自然数集,记作 **N**;

全体正整数组成的集合称为正整数集,记作 $\mathbf{N}_+$。

如果上述数集中的元素只限于正数,就在集合记号的右下角标以"+"号;如果数集中的元素都是负数,就在集合的右下角标以"−"号。如负有理数集,可以用"$\mathbf{Q}_-$"表示。

三、区间

区间是用得较多的一类数集,书写方便、一目了然。见表 0-1 所列。

区 间 表 0-1

符 号	名 称		对应集合	对应点集
(a,b)	有限区间	开区间	$\{x\|a<x<b\}$	a O b x
$[a,b]$		闭区间	$\{x\|a\leqslant x\leqslant b\}$	a O b x
$(a,b]$		半开半闭区间	$\{x\|a<x\leqslant b\}$	a O b x
$[a,b)$		半开半闭区间	$\{x\|a\leqslant x<b\}$	a O b x

续上表

符号	名称	对应集合	对应点集
$(a,+\infty)$	无限区间	$\{x\mid a<x\}$	
$[a,\infty)$		$\{x\mid a\leqslant x\}$	
$(-\infty,a)$		$\{x\mid x<a\}$	
$(-\infty,a]$		$\{x\mid x\leqslant a\}$	
$(-\infty,+\infty)$		$\{x\mid -\infty<x<+\infty\}$	充满整个数轴

注：表中 a、b 是实数，且 $a<b$。

四、邻域

设 a 是实数，δ 是正数，数集 $\{x\mid |x-a|<\delta\}$ 称为点 a 的一个邻域，记作 $U(a,\delta)$。点 a 称为这个邻域的中心，δ 称为这个邻域的半径。

由不等式 $|x-a|<\delta$ 得：

$$-\delta<x-a<\delta$$

即

$$a-\delta<x<a+\delta$$

所以，点 a 的 δ 邻域 $U(a,\delta)$ 是一个长度为 2δ 的开区间 $(a-\delta,a+\delta)$，如图 0-3 所示。

有时用到的邻域需要把中心去掉。点 a 的 δ 邻域去掉中心后换为点 a 的一个去心 δ 邻域，记作 $\overset{0}{U}(a,\delta)$，即

$$\overset{0}{U}(a,\delta)=\{x\mid 0<|x-a|<\delta\}$$

容易看出，由 $0<|x-a|$ 得到 $x\neq a$，如图 0-4 所示。

即

$$\overset{0}{U}(a,\delta)=(a-\delta,a)\cup(a,a+\delta)$$

数集 $\{x\mid a-\delta<x<a\}$ 称为点 a 的左 δ 邻域，数集 $\{x\mid a<x<a+\delta\}$ 称为点 a 的右 δ 邻域。

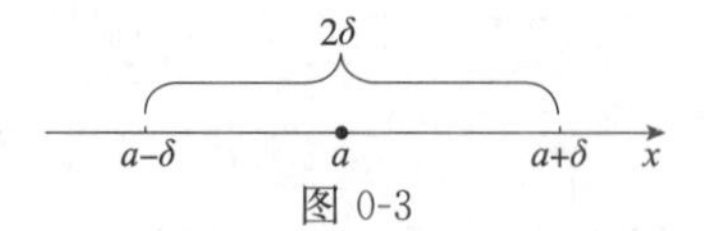

图 0-3

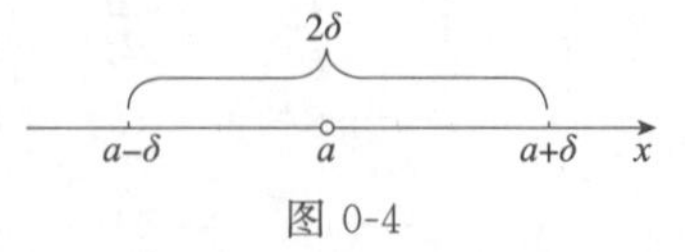

图 0-4

【例 1】 写出以点 1 为中心，以 2 为半径的邻域所对应的数集。

解：$U(1,2)=\{x\mid |x-1|<2\}=\{x\mid -1<x<3\}=(-1,3)$

第1章 函 数

学习目标

1. 理解函数的概念，了解函数的性质，熟悉初等函数；
2. 通过学习掌握三角函数及正弦型曲线基础知识；
3. 应用三角函数和正弦型曲线知识进行电路中的各种计算。

§1.1 函 数

一、函数的概念

1. 定义

设 x、y 两个变量，x 的变化范围是非空数集 D，如果对于任何的 $x \in D$，按照一定的法则 f 都有唯一确定的 y 与之对应，则称变量 y 是变量 x 的函数，记作 $y=f(x)$。x 称为自变量，y 称为因变量。

非空数集 D 为函数的定义域，即函数中自变量 x 的取值范围. 对于自变量 x 在 D 中的每一个确定的值所得到的因变量 y 的集合称为函数 $y=f(x)$ 的值域，记作 M。

由函数的定义可知，一个函数的构成要素为：定义域、对应关系和值域。由于值域是由定义域和对应关系决定的，所以，如果两个函数的定义域和对应关系完全一致，我们就称两个函数相等。

为了表明 y 是 x 的函数，我们用记号 $y=f(x)$、$y=F(x)$ 等来表示。这里的字母"f"、"F"表示 y 与 x 之间的对应法则即函数关系，它们是可以任意采用不同的字母来表示的。如果自变量在定义域内任取一个确定的值时，函数只有一个确定的值和它对应，这种函数称为单值函数，否则称为多值函数。这里我们只讨论单值函数。

【例 1】 求函数 $y=\dfrac{\sqrt{-x^2-3x+4}}{x}$ 的定义域。

解：定义域为满足 $-x^2-3x+4\geqslant 0$ 且 $x\neq 0$ 的解集，解得 $-4\leqslant x\leqslant 1$ 且 $x\neq 0$，则其定义域为 $[-4,0)\cup(0,1]$。

【例 2】 求函数 $y=\arcsin(4-x^2)+\ln(x-2)$ 的定义域。

解：其定义域为满足 $|4-x^2|\leqslant 1$ 且 $x-2>0$ 的解集，解得 $\sqrt{3}\leqslant x\leqslant\sqrt{5}$ 且 $x>2$，则其定义域为 $(2,\sqrt{5}]$。

2. 函数的表示方法

(1)解析法。用数学式子表示自变量和因变量之间的对应关系的方法即是解析法。例如,直角坐标系中,顶点在原点,开口向上的抛物线对应的函数关系为:$y=x^2$。

(2)表格法。将一系列的自变量值与对应的函数值列成表来表示函数关系的方法即是表格法。例如,在实际应用中,我们经常会用到的平方表,三角函数表等都是用表格法表示的函数。见表 1-1 所列。

购车贷款利率 表 1-1

年限(年)	贷款期数(月)	年利率(%)	月利率(‰)	万元月供款(元)	万元总利率(元)
1	12	5.31	4.425	857.50	290.00
2	24	5.49	4.575	440.91	581.84
3	36	5.49	4.575	301.91	868.76
4	48	5.58	4.650	232.93	1180.64
5	60	5.58	4.650	191.38	1482.80

(3)图示法。用坐标平面上曲线来表示函数的方法即是图示法。一般用横坐标表示自变量,纵坐标表示因变量。

有时,我们会遇到一个函数在自变量不同的取值范围内用不同的式子来表示的情形,这样的函数称为分段函数。例如:

$$y=\begin{cases}x-1, x<1\\ x^2, x\geqslant 1\end{cases}$$

3. 反函数

设有函数 $y=f(x)$,其定义域为 D,值域为 M,如果对于 M 中的每一个 y 值($y\in M$),都可以从关系式 $y=f(x)$确定唯一的 x 值($x\in D$)与之对应,那么所确定的以 y 为自变量的函数 $x=\varphi(y)$称为函数 $y=f(x)$的反函数,它的定义域为 M,值域为 D。由此定义可知,函数 $y=f(x)$也是函数 $x=\varphi(y)$的反函数。

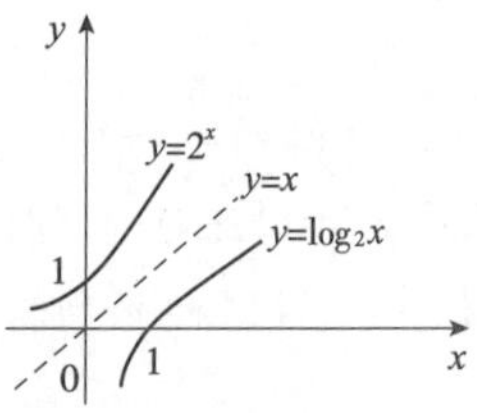

y
$y=2^x$
$y=x$
$y=\log_2 x$
1
0
1
x

图 1-1

习惯上,函数的自变量都以 x 表示,所以反函数也可以表示为 $y=f^{-1}(x)$。函数 $y=f(x)$的图形与其反函数 $y=f^{-1}(x)$的图形关于直线 $y=x$ 对称。例如,函数 $y=2^x$ 与函数 $y=\log_2 x$ 互为反函数,则它们的图形在同一直角坐标系中是关于直线 $y=x$ 对称的。如图 1-1 所示。

【例 3】 求函数 $y=e^{x+1}$的反函数,并求出它的定义域。

解:因为,$y=e^{x+1}\Rightarrow \ln y=x+1$,所以

$$x=\ln y-1$$

因此反函数为:

$$y=\ln x-1, 其定义域为 x\in(0,+\infty)$$

二、函数的基本性态

1. 函数的有界性

设函数 $y=f(x)$，$x\in D$，若存在一个正数 M，对于 D 中所有 x 的值，总有 $|f(x)|\leqslant M$ 成立，则称 $f(x)$ 在区间 D 上有界，否则，称 $f(x)$ 在区间 D 上无界。

例如，函数 $f(x)=\cos x$，当 $x\in(-\infty,+\infty)$ 上，恒有 $|\cos x|\leqslant 1$，所以函数 $f(x)=\cos x$ 在 $(-\infty,+\infty)$ 内是有界的，而 $f(x)=\tan x$ 在 $\left(0,\frac{\pi}{2}\right)$ 内是无界的。

应当指出，有的函数可能在其定义域的某一部分有界，而在另一部分无界。因此，我们说一个函数是有界的或是无界的，应同时指出其自变量的相应范围。例如 $f(x)=\tan x$ 在 $\left(0,\frac{\pi}{2}\right)$ 内是无界的，但在 $\left[-\frac{\pi}{6},\frac{\pi}{6}\right]$ 上是有界的。

2. 函数的单调性

设函数 $y=f(x)$ 定义域为 D，存在一个区间 $I\subset D$，如果函数 $y=f(x)$ 在区间 I 内随着 x 增大而增大，即：对于 I 内任意两点 x_1 及 x_2，当 $x_1<x_2$ 时，都有 $f(x_1)<f(x_2)$，则称函数 $f(x)$ 在区间 I 内是单调增加的。如果函数 $f(x)$ 在区间 I 内随着 x 增大而减少，即：对于 I 内任意两点 x_1 及 x_2，当 $x_1<x_2$ 时，都有 $f(x_1)>f(x_2)$，则称函数 $f(x)$ 在区间 I 内是单调减少的。区间 I 称为单调区间。

例如，函数 $f(x)=x^2$ 在区间 $(-\infty,0)$ 是单调减少的，在区间 $(0,+\infty)$ 上是单调增加的。此函数在其定义域的某一部分单调减少，而在另一部分单调增加。因此，我们说一个函数的单调性时，应同时指出其单调区间。

几何特征：单调增加函数的图形沿横轴正向上升，单调减少函数的图形沿横轴正向下降。如图 1-2 所示。

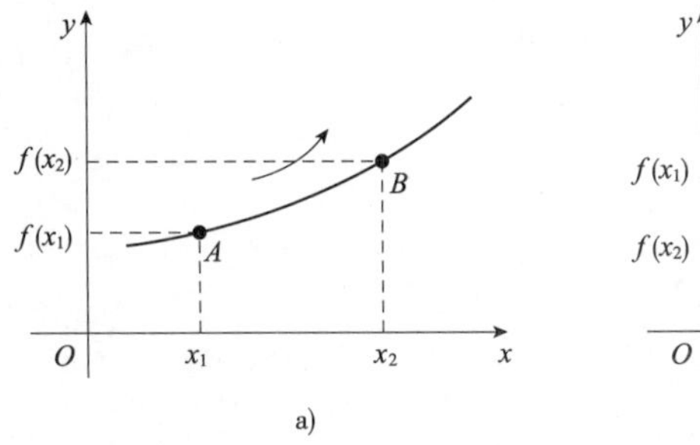

a)

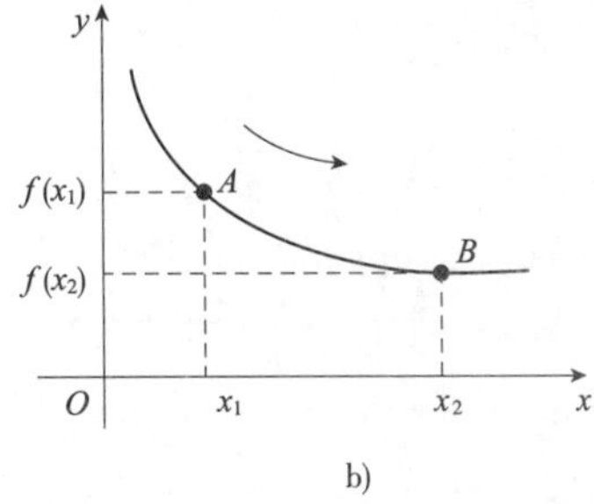

b)

图 1-2

3. 函数奇偶性

设函数 $y=f(x)$ 的定义域 D 是关于原点对称的，如果对于任何 $x\in D$，都有 $f(-x)=f(x)$ 成立，则称 $y=f(x)$ 为偶函数；如果对于任何 $x\in D$，都有 $f(-x)=-f(x)$，则称 $y=f(x)$ 为奇函数。不是偶函数也不是奇函数的函数，称为非奇非偶函数。

例如，$y=x^2$ 在 $(-\infty,+\infty)$ 内是偶函数，而 $y=x^3$ 在 $(-\infty,+\infty)$ 内是奇函数。

几何特征：偶函数的图形关于 y 轴对称，奇函数的图形关于原点对称。如图 1-3 所示。

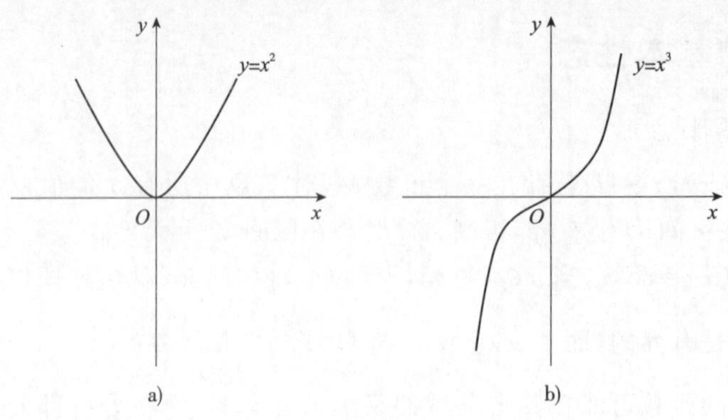

图 1-3

【例 4】 判断函数 $f(x)=\cos x\ln(x+\sqrt{x^2+1})$的奇偶性。

解:该函数的定义域为$(-\infty,+\infty)$,且有 $f(-x)=\cos(-x)\ln(-x+\sqrt{x^2+1})$,$\cos x\ln\dfrac{1}{x+\sqrt{x^2+1}}=-\cos x\ln(x+\sqrt{x^2+1})=-f(x)$,所以 $f(x)=\cos x\ln(x+\sqrt{x^2+1})$是奇函数。

4. 周期性

设函数 $y=f(x)$定义域为 D,如果存在一个不为零的常数 T,使得任意 $x\in D$,都有 $f(x+T)=f(x)$成立,则称 $y=f(x)$为周期函数,T 称为这个函数的周期。

对于每个周期函数来说,周期有无穷多个。如果其中存在一个最小正数 a,则规定 a 为该周期函数的最小正周期,简称周期。我们常说的某个函数的周期通常指的就是它的最小正周期。例如,函数 $y=\sin x$,$y=\cos x$ 是以 2π 为周期的周期函数;函数 $y=\tan x$,$y=\cot x$ 是以 π 为周期的周期函数。

三、初等函数

1. 基本初等函数

以下 6 类函数称为基本初等函数。

(1)常数函数:$y=C$(C 为已知常数)

(2)幂函数:$y=x^a$($a\in R$,且 $a\neq 0$)

(3)指数函数:$y=a^x$($a>0$,且 $a\neq 1$)

(4)对数函数:$y=\log_a x$($a>0$,且 $a\neq 1$)

(5)三角函数:$y=\sin x$,$y=\cos x$,$y=\tan x$,$y=\cot x$,$y=\sec x$,$y=\csc x$

(6)反三角函数:$y=\arcsin x$,$y=\arccos x$,$y=\arctan x$,$y=\text{arccot}\, x$

2. 复合函数

如果函数 $y=F(u)$,其定义域为 U_1,函数 $u=\varphi(x)$的值域为 U_2,其中 $U_1\cap U_2\neq\varnothing$,则 y 通过变量 u 成为 x 的函数,这个函数称为由函数 $y=F(u)$和函数 $u=\varphi(x)$构成的复合函数,记为 $y=F[\varphi(x)]$。其中变量 u 称为中间变量。

【例 5】 试将函数 $y=\sqrt{u}$与 $u=1-x^2$ 复合成一个函数。

解:将 $u=1-x^2$ 代入 $y=\sqrt{u}$,即得所求的复合函数 $y=\sqrt{1-x^2}$,其定义域为$[-1,1]$。

必须注意,并非任何两个函数都可构成复合函数。例如,函数 $y=\arcsin u$ 与 $u=2+x^2$ 就不能复合成一个复合函数,因为 $y=\arcsin u$ 的定义域 $U_1=[-1,1]$,$u=2+x^2$ 的值域 $U_2=[2,+\infty]$,显然 $U_1\cap U_2=\varnothing$,所以不能复合。

同时,对于复合函数,我们须弄清两个问题,那就是"复合"和"分解"。所谓"复合",就是把几个作为中间变量的函数复合成一个函数,该过程也就是把中间变量依次代入的过程;所谓"分解",就是把一个复合函数分解为几个简单函数,而这些简单函数往往都是基本初等函数或是基本初等函数与常数的四则运算所得到的函数。

【例 6】 指出函数 $y=\cos^2 x$ 是由哪些简单的函数复合而成的?

解:令 $u=\cos x$,则 $y=u^2$,所以 $y=\cos^2 x$ 是由 $y=u^2$,$u=\cos x$ 复合而成的。

【例 7】 指出函数 $y=\sqrt{\ln(\sin x+2^x)}$是由哪些简单的函数复合而成的?

解:令 $u=\ln(\sin x+2^x)$,则 $y=\sqrt{u}$,再令 $v=\sin x+2^x$,则 $u=\ln v$。所以 $y=\sqrt{\ln(\sin x+2^x)}$是由 $y=\sqrt{u}$,$u=\ln v$,$v=\sin x+2^x$ 复合而成的。

3.初等函数

由基本初等函数及常数经过有限次四则运算和有限次复合构成的,并且可以用一个数学式子表示的函数,称为初等函数。不能用一个式子表示或不能用有限个式子表示的函数都不是初等函数。例如:$y=x^2-2x+1$,$y=\dfrac{\sin x}{x}$,$y=2^x+x\ln x$,$y=(1+\cos x)\tan x$。

议一议 讲一讲

问题 1:单调函数 $y=f(x)$满足什么条件时,它的反函数与它自身相同?此时函数 $y=f(x)$的图像有什么特点?

问题 2:是否存在既是奇函数又是偶函数的函数?请举例说明。

问题 3:单调函数经过复合运算后单调性如何?若 $f(x)$在 I 上单调增加,$g(x)$在 I 上单调减少,试问 $f(f(x))$,$f(g(x))$,$g(f(x))$,$g(g(x))$在 I 上的单调性如何?

习 题 一

1.选择题

(1)下列函数中,图像关于 y 轴对称的是(　　)。

A. $y=x\cos x$　　B. $y=x^3+x+1$　　C. $y=\dfrac{e^x+e^{-x}}{2}$　　D. $y=\dfrac{e^x-e^{-x}}{2}$

(2)函数 $y=\ln(x-1)$在下列(　　)的区间内有界。

A. $(1,+\infty)$　　B. $(2,+\infty)$　　C. $(1,2)$　　D. $(2,3)$

(3)设 $f(x)$ 在 $(-\infty,+\infty)$ 内单调增加，则函数 $y=e^{-f(x)}$ 在 $(-\infty,+\infty)$ 的区间内是(　　)。

A. 单调增加　　B. 单调减少　　C. 不是单调函数　　D. 不能判定

2. 求下列函数的定义域。

(1) $y=\dfrac{x}{\sqrt{\log_{\frac{1}{2}}(2-x)}}$　　(2) $y=e^{\frac{1}{x}}$

(3) $y=\dfrac{\ln x}{\sqrt{2-x}}$　　(4) $y=\arcsin(4-x^2)+\ln(x-2)$

3. 设 $f(1-x)=\dfrac{1+x}{2x-1}$，求 $f(x)$。

4. 指出下列函数中哪些是偶函数？哪些是奇函数？哪些是非奇非偶函数？

(1) $y=\lg(\sqrt{x^2+1}-x)$　　(2) $y=\dfrac{a^x+a^{-x}}{2}$

(3) $y=\sin x-\cos x$　　(4) $y=\ln\dfrac{2-x}{2+x}$

5. 下列哪些函数是周期函数？对于周期函数指出其周期。

(1) $y=\sin(2x+1)$　　(2) $y=\cos 6x$

(3) $y=x\cos x$　　(4) $y=\cos^2 x$

6. 指出下列函数的复合过程。

(1) $y=\sin^5 x$　　(2) $y=e^{\cos 3x}$

(3) $y=\cos x^2$　　(4) $y=\ln(\arctan\sqrt{1+x^2})$

§1.2　三角函数的图像和性质

一、正弦函数 $y=\sin x$ 的图像

先用描点法画出 $y=\sin x$ 在区间 $[0,2\pi]$ 上的图像。

(1)列表：见表 1-2 所列。

$y=\sin x$ 在区间 $[0,2\pi]$ 计算　　表 1-2

x	0	$\frac{\pi}{6}$	$\frac{\pi}{3}$	$\frac{\pi}{2}$	$\frac{2\pi}{3}$	$\frac{5\pi}{6}$	π	$\frac{7\pi}{6}$	$\frac{4\pi}{3}$	$\frac{3\pi}{2}$	$\frac{5\pi}{3}$	$\frac{11\pi}{6}$	2π
y	0	0.5	0.87	1	0.87	0.5	0	−0.5	−0.87	−1	−0.87	−0.5	0

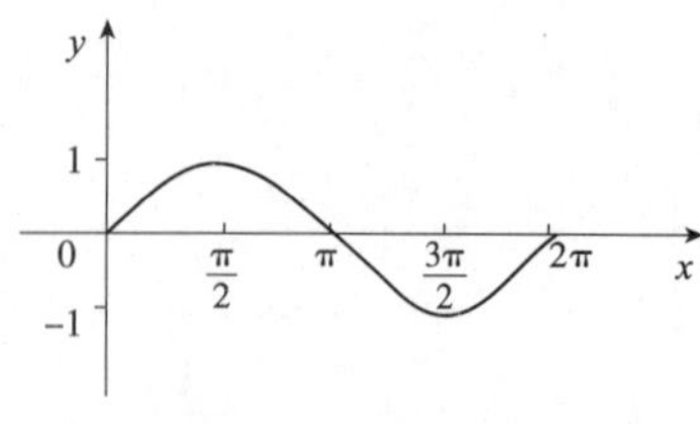

图 1-4

(2)描点：以表中的对应 x,y 值为坐标，在坐标系中描点。

(3)连线：将所描各点顺次用光滑曲线连接起来，即完成所画的图像。

图 1-4 为用计算机软件绘制的正弦函数在区间 $[0,2\pi]$ 上的图像。

正弦函数定义域是 R，因此我们需要将正弦函数 $y=\sin x(x\in[0,2\pi])$ 的图像向两边扩展。

现在，我们再利用“描点法”在同一坐标系中继续画出正弦函数 $y=\sin x$ 在区间 $[-2\pi,0]$ 上的图像，如图 1-5 和表 1-3 所示。

$y=\sin x$ 在区间 $[-2\pi,0]$ 计算 表 1-3

x	-2π	$-\frac{11\pi}{6}$	$-\frac{5\pi}{3}$	$-\frac{3\pi}{2}$	$-\frac{4\pi}{3}$	$-\frac{7\pi}{6}$	$-\pi$	$-\frac{5\pi}{6}$	$-\frac{2\pi}{3}$	$-\frac{\pi}{2}$	$-\frac{\pi}{3}$	$-\frac{\pi}{6}$	0
y	0	0.5	0.87	1	0.87	0.5	0	−0.5	−0.87	1	−0.87	−0.5	0

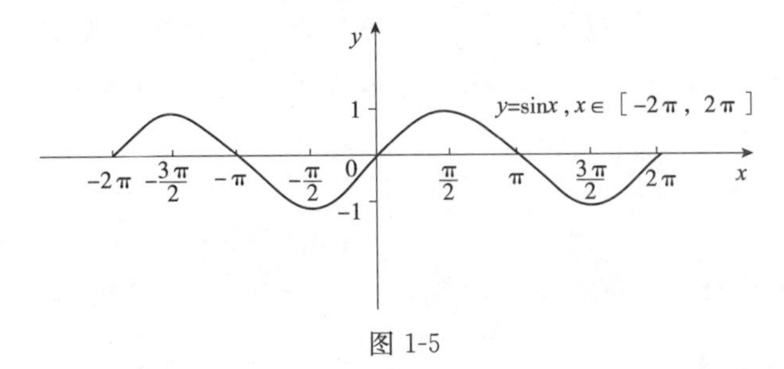

图 1-5

从图 1-5 可以看到，正弦函数在区间 $[-2\pi,0]$ 和 $[0,2\pi]$ 上的图像形状完全相同，只是位置不同，因此，$y=\sin x$ 在区间 $[-2\pi,0]$ 上的图像，可以看做是把 $y=\sin x$ 在区间 $[0,2\pi]$ 上的图像向左平移 2π 个单位得到的。

事实上，由于终边相同的角正弦函数值相等，即

$$\sin(x+2k\pi)=\sin x, k\in Z$$

正弦函数 $y=\sin x$ 在区间 $\cdots,[-6\pi,-4\pi],[-4\pi,-2\pi],[-2\pi,0],[2\pi,4\pi],[4\pi,6\pi],\cdots$ 上的图像，都是与它在区间 $[0,2\pi]$ 上的图像形状完全一样，只是位置不同。我们把正弦函数 $y=\sin x$ 在区间 $[0,2\pi]$ 上的图像向左、右分别平移 $2\pi,4\pi,6\pi,\cdots$ 个单位，就能得到正弦函数 $y=\sin x(x\in R)$ 的图像，如图 1-6 所示。

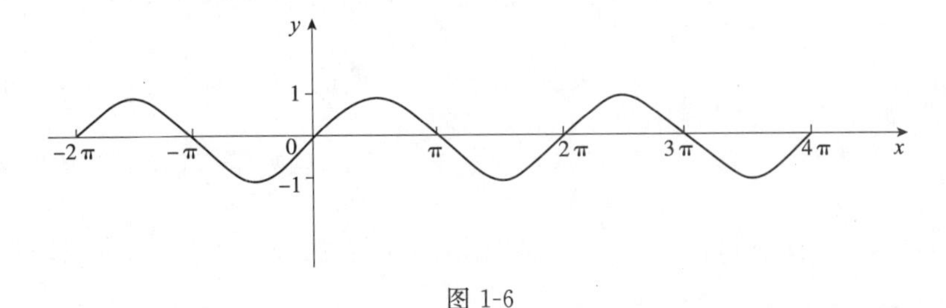

图 1-6

我们把正弦函数 $y=\sin x(x\in R)$ 的图像称为正弦曲线。

由 $y=\sin x(x\in[0,2\pi])$ 的图像可以看出，下面 5 个点在确定图像形状时起着关键作用：

$(0,0),\left(\frac{\pi}{2},1\right),(\pi,0),\left(\frac{3\pi}{2},-1\right),(2\pi,0)$。

这 5 个点描出后，正弦函数 $y=\sin x(x\in[0,2\pi])$ 的图像形状就基本确定了，今后，当对精确度要求不高时，我们只需描出这 5 个关键点，用光滑的曲线顺序连接它们就可得到正弦

函数在$[0,2\pi]$上的图像。这样画出正弦函数图像的方法称为五点法作图。

二、正弦函数 $y=\sin x$ 的性质

(1)定义域:正弦函数 $y=\sin x$ 的定义域是R。

(2)值域:正弦函数 $y=\sin x$ 的值域是$[-1,1]$。

通过分析正弦函数的图像可知:当 $x=\frac{\pi}{2}+2k\pi(k\in Z)$时,正弦函数 $y=\sin x$ 取得最大值1,即 $y_{\max}=1$;当 $x=\frac{3\pi}{2}+2k\pi(k\in Z)$时,正弦函数 $y=\sin x$ 取得最小值-1,即 $y_{\min}=-1$。

(3)周期性:一般的,对于函数 $y=f(x)$,如果存在一个非零常数 T,使得当 x 取定义域内的每一个值时,都有 $f(x+T)=f(x)$,那么,函数 $f(x)$就称为周期函数。非零常数 T 称为这个函数的周期。

我们知道,对于任意实数 x 都有

$$\sin(x+2k\pi)=\sin x, k\in Z$$

所以正弦函数 $y=\sin x$ 是一个周期函数,并且$\cdots,-6\pi,-4\pi,-2\pi,2\pi,4\pi,6\pi,\cdots$都是它的周期。

我们把所有周期中最小的正数 2π 称为正弦函数 $y=\sin x$ 的最小正周期。今后,如果不加特别说明,函数的周期均指最小正周期。

因此,正弦函数 $y=\sin x$ 是周期函数,周期 $T=2\pi$。

函数的周期性在图像上的反映是同一形状的图形重复出现,因此,周期函数一般只要画一个周期图像就可以了。

(4)奇偶性:因为正弦函数 $y=\sin x$ 的图像关于原点对称,所以正弦函 $y=\sin x$ 是奇函数。

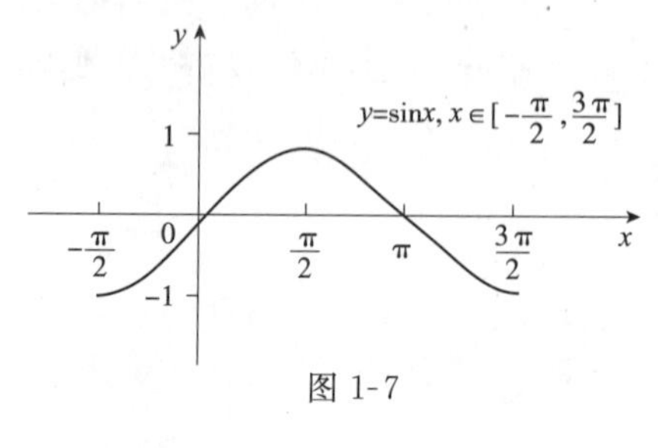

图 1-7

(5)单调性:观察正弦函数在一个周期$\left[-\frac{\pi}{2},\frac{3\pi}{2}\right]$上的图像(图 1-7):当 x 由$-\frac{\pi}{2}$增大到$\frac{\pi}{2}$时,曲线逐渐上升,函数 $y=\sin x$ 的值由-1增大到1;当 x 由$\frac{\pi}{2}$增大到$\frac{3\pi}{2}$时,曲线逐渐下降,函数 $y=\sin x$ 的值由1减小到-1。因此,正弦函数 $y=\sin x$ 在区间$[-\frac{\pi}{2},\frac{\pi}{2}]$上是增函数,在区间$[\frac{\pi}{2},\frac{3\pi}{2}]$上是减函数。

(6)与 x 轴的交点:当 $x=k\pi(k\in Z)$时,$y=\sin x=0$。因此,正弦函数与 x 轴的交点的横坐标是 $x=k\pi(k\in Z)$。

三、正弦型曲线 $y=A\sin(\omega x+\varphi)$的图像和性质

一般的,把正弦型函数 $y=A\sin(\omega x+\varphi)$($A$、$\omega$、$\varphi$ 均为常数)的图像称为正弦型曲线。正弦型曲线在物理学、电工学和工程技术中应用十分广泛。

在物理中,简谐振动中如单摆对平衡位置的位移 y 与时间 x 的关系、交流电的电流 y 与

时间 x 的关系等都是形如 $y=A\sin(\omega x+\varphi)$ 的函数(其中 A、ω、φ 都是常数)。函数 $y=A\sin(\omega x+\varphi)$,(其中 $A>0,\omega>0$)表示一个振动量时,A 就表示这个量振动时离开平衡位置的最大距离,通常称为这个振动的振幅;往复一次所需的时间 $T=\frac{2\pi}{\omega}$,称为这个振动的周期;单位时间内往复振动的次数 $f=\frac{1}{T}=\frac{\omega}{2\pi}$,$\omega x+\varphi$ 称为振动的频率;$\omega x+\varphi$ 称为相位;$x=0$ 时的相位 φ 称为初相。

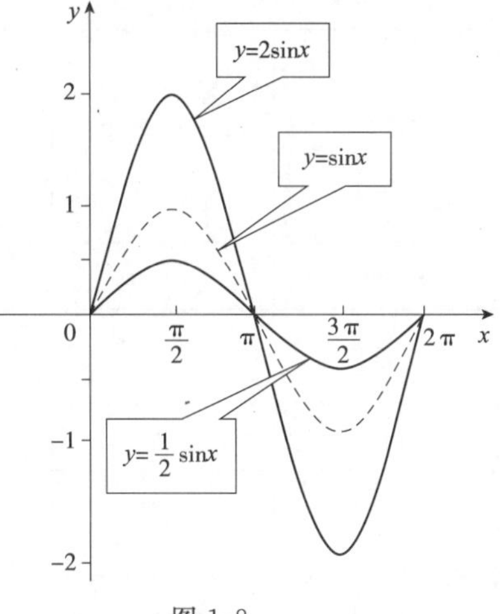

图 1-8

为了掌握这类函数的变化特征,我们下面将讨论常数 A、ω、φ 对函数 $y=A\sin(\omega x+\varphi)$ 图像的影响。

1. 函数 $y=A\sin x(A>0)$ 的图像

用"五点法"作函数 $y=2\sin x$ 和 $y=\frac{1}{2}\sin x$ 在一个周期的图像,并把它们与 $y=\sin x$ 的图像作比较(图 1-8)。

(1)列表

"五点法"列表计算见表 1-4 所列。

"五点法"列表计算 表 1-4

x	0	$\frac{\pi}{2}$	π	$\frac{3\pi}{2}$	2π
$y=\sin x$	0	1	0	-1	0
$y=2\sin x$	0	2	0	-2	0
$y=\frac{1}{2}\sin x$	0	$\frac{1}{2}$	0	$-\frac{1}{2}$	0

(2)描点、作图

由图像可以看出,函数 $y=A\sin x(A>0$ 且 $A\neq1)$ 的图像可以看作是把 $y=\sin x$ 的图像上所有点的纵坐标伸长(当 $A>1$ 时)或缩短(当 $0<A<1$ 时)到原来的 A 倍(横坐标不变)而得到的。$y=A\sin x,x\in R$ 的值域为$[-A,A]$,最大值为 A,最小值为 $-A$。

2. 函数 $y=\sin\omega x(\omega>0)$ 的图像

用"五点法"作函数 $y=\sin2x$ 和 $y=\sin\frac{1}{2}x$ 在一个周期的图像,并把它们与 $y=\sin x$ 的图像作比较(图 1-9)。

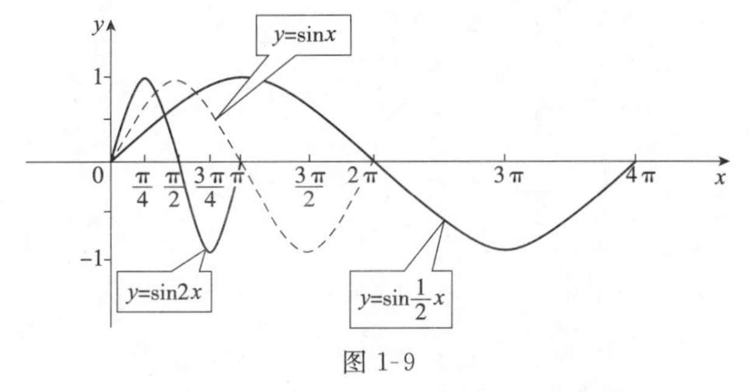

图 1-9

(1)列表

“五点法”列表计算见表 1-5、表 1-6 所列。

“五点法”列表计算($y=\sin 2x$)　　表 1-5

x	0	$\frac{\pi}{4}$	$\frac{\pi}{2}$	$\frac{3\pi}{4}$	π
$2x$	0	$\frac{\pi}{2}$	π	$\frac{3\pi}{2}$	2π
$y=\sin 2x$	0	1	0	-1	0

“五点法”列表计算($y=\sin\frac{1}{2}x$)　　表 1-6

x	0	π	2π	3π	4π
$\frac{1}{2}x$	0	$\frac{\pi}{2}$	π	$\frac{3\pi}{2}$	2π
$y=\sin\frac{1}{2}x$	0	1	0	-1	0

(2)描点、作图

由图像可以看出,$y=\sin\frac{1}{2}x$ 的图像可以看作是把 $y=\sin x$ 的图像上所有点的横坐标伸长到原来的 2 倍(纵坐标不变)。$y=\sin 2x$ 的图像可以看作是把 $y=\sin x$ 的图像上所有点的横坐标缩短到原来的$\frac{1}{2}$(纵坐标不变)。

函数 $y=\sin\omega x$($\omega>0$ 且 $\omega\neq1$)的图像可以看作是把 $y=\sin x$ 的图像上所有点的横坐标缩短(当 $\omega>1$ 时)或伸长(当 $0<\omega<1$ 时)到原来的$\frac{1}{\omega}$(纵坐标不变)而得到的。

3. 函数 $y=\sin(x+\varphi)$ 图像

用“五点法”作函数 $y=\sin(x+\frac{\pi}{3})$和 $y=\sin(x-\frac{\pi}{4})$在一个周期的图像,并把它们与$y=\sin x$ 的图像作比较(图 1-10)。

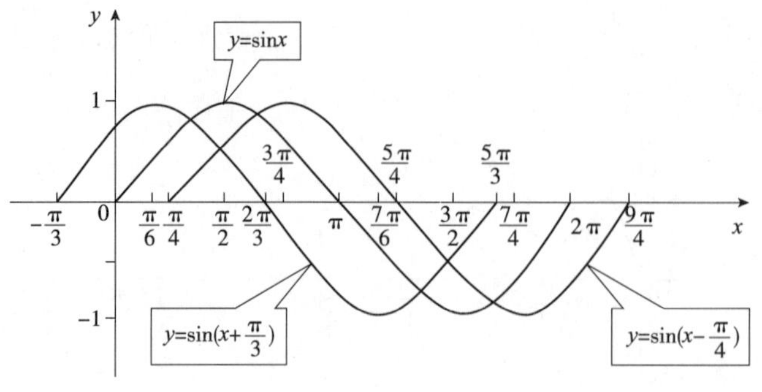

图 1-10

(1)列表

“五点法”列表计算见表 1-7、表 1-8 所列。

“五点法”列表计算：$y=\sin\left(x+\frac{\pi}{3}\right)$ 表 1-7

x	$-\frac{\pi}{3}$	$\frac{\pi}{6}$	$\frac{2\pi}{3}$	$\frac{7\pi}{6}$	$\frac{5\pi}{3}$
$x+\frac{\pi}{3}$	0	$\frac{\pi}{2}$	π	$\frac{3\pi}{2}$	2π
$y=\sin(x+\frac{\pi}{3})$	0	1	0	-1	0

“五点法”列表计算：$y=\sin\left(x-\frac{\pi}{4}\right)$ 表 1-8

x	$\frac{\pi}{4}$	$\frac{3\pi}{4}$	$\frac{5\pi}{4}$	$\frac{7\pi}{4}$	$\frac{9\pi}{4}$
$x-\frac{\pi}{4}$	0	$\frac{\pi}{2}$	π	$\frac{3\pi}{2}$	2π
$y=\sin(x-\frac{\pi}{4})$	0	1	0	-1	0

(2)描点、作图

函数 $y=\sin(x+\varphi)$ 的图像可以看作是把 $y=\sin x$ 的图像上所有的点向左(当 $\varphi>0$ 时)或向右(当 $\varphi<0$ 时)平移 $|\varphi|$ 个单位而得到的。

4. 函数 $y=A\sin(\omega x+\varphi)(A>0,\omega>0)$

综上所述，我们可以知道，函数 $y=A\sin x$、$y=\sin\omega x$ 和 $y=\sin(x+\varphi)$ 的图像都可以由正弦曲线 $y=\sin x$ 分别经过振幅和周期的变换以及起点的平移得到，总结规律如下：

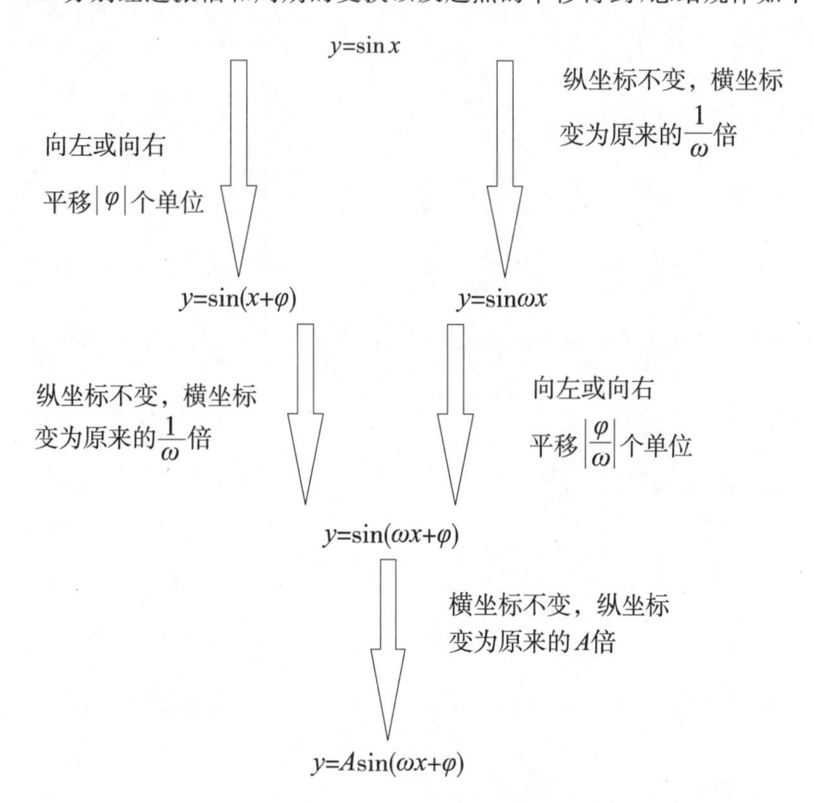

议一议　讲一讲

问题1：函数 $y=A\sin(\omega x+\varphi)$ 的定义域、值域、周期、奇偶性、单调性？

问题2：方程 $\sin 2x=\sin x$ 在 $[0,2\pi]$ 内解的个数？

问题3：函数 $y=A\sin(\omega x+\varphi)(A>0,\omega>0)$ 表示一个振动量时，若振幅为 $\frac{1}{2}$，频率为 $\frac{3}{2\pi}$，初相为 $\frac{\pi}{6}$，写出解析式。

习　题　二

1. 选择题

(1) 函数 $y=4\sin\left(2x+\frac{\pi}{3}\right)$ 的图像是(　　)。

A. 关于原点对称　　B. 关于 $x=\frac{\pi}{6}$ 对称　C. 关于 y 轴对称　D. 关于 $x=\frac{\pi}{12}$ 对称

(2) 如题图 1-1，已知函数 $y=A\sin(\omega x+\varphi)(A>0,\omega>0)$ 的图像，那么它的解析式是(　　)。

A. $y=2\sqrt{2}\sin\left(\frac{x}{8}+\frac{\pi}{4}\right)$

B. $y=2\sqrt{2}\sin\left(\frac{\pi x}{8}+\frac{\pi}{4}\right)$

C. $y=2\sqrt{2}\sin\left(\frac{\pi x}{4}+\frac{\pi}{4}\right)$

D. $y=2\sqrt{2}\sin\left(\frac{\pi x}{8}+\frac{\pi}{8}\right)$

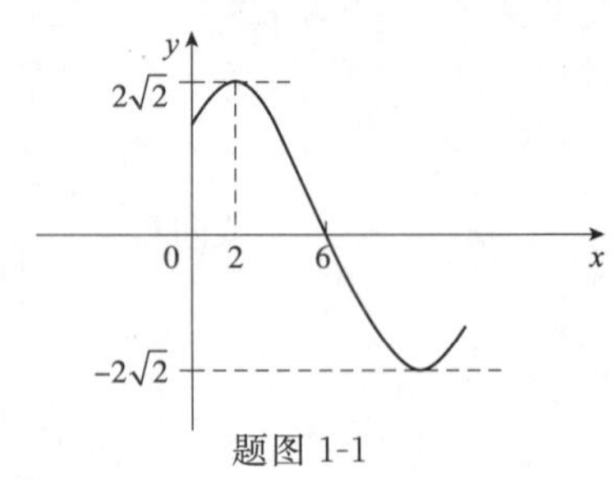

题图 1-1

(3) 如题图 1-2 是函数 $y=2\sin(\omega x+\varphi)\left(|\varphi|<\frac{\pi}{2}\right)$ 的图像，那么应有(　　)。

A. $\omega=\frac{10}{11},\varphi=\frac{\pi}{6}$

B. $\omega=\frac{10}{11},\varphi=-\frac{\pi}{6}$

C. $\omega=2,\varphi=\frac{\pi}{6}$

D. $\omega=2,\varphi=-\frac{\pi}{6}$

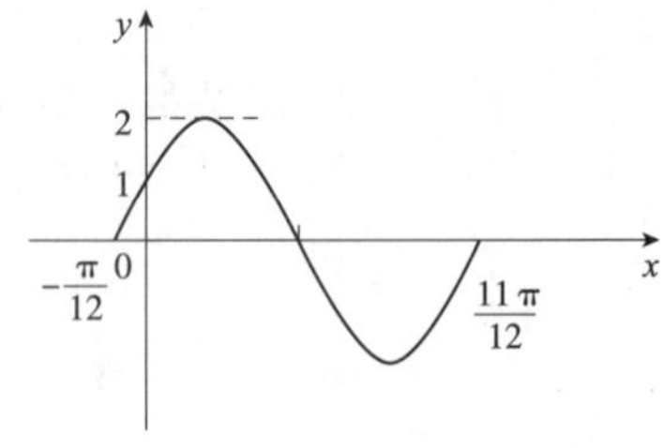

题图 1-2

2. 已知函数 $f(x)=2\sin\omega x(\omega>0)$ 在区间 $\left[-\frac{\pi}{3},\frac{\pi}{4}\right]$ 上的最小值是 -2，则 ω 的最小值是多少？

3. 已知函数 $y=3\sin\left(\frac{1}{2}x-\frac{\pi}{4}\right)$，求：(1)用五点法作出函数图像；(2)说明此图像是由 $y=\sin x$ 的图像经过怎么样的变化得到的；(3)求此函数的振幅、周期和初相；(4)求此函数的对称轴方程、对称中心。

§1.3 函数的应用

一、函数模型及其应用

数学是在实际应用的需求中产生的，在用数学方法解决实际问题时，常常需要把问题中的有关变量及其关系用数学的形式(代数式、方程、表、图或其他方法)表示出来。通常，这个过程称为建立数学模型，简称建模。从此意义上讲，数学建模和数学一样有着古老的历史，数学建模是联系数学与实践问题的桥梁，它是将实际问题变为用数学语言描述的数学问题的过程，其中得到的数学结构就是数学模型。利用模型，通过数学的分析处理，能够对原型的实现特征给出深层次的解释，从而预测原型未来的状况，或提供对原型进行控制、优化的决策。数学建模是用数学理论和方法解决现实世界问题的一个重要途径。

下面我们以计算海岸两点间距离为例，进一步了解建模的具体过程。

【例 8】 MN 为海岸线，某人划船到海中 A 点，他距海岸最近点 B 为 2km，该人划船速度为 4km/h，步行速度为 5km/h，他欲以最短时间到达距 B 点 6km 的海岸 C，设他登岸点为 D，求此时的登岸 D 点到 B 点的距离。

解：(1)实际问题。了解问题的实际背景，明确建模的目的，收集必需的各种信息，尽量弄清对象的特征，如图1-11所示。

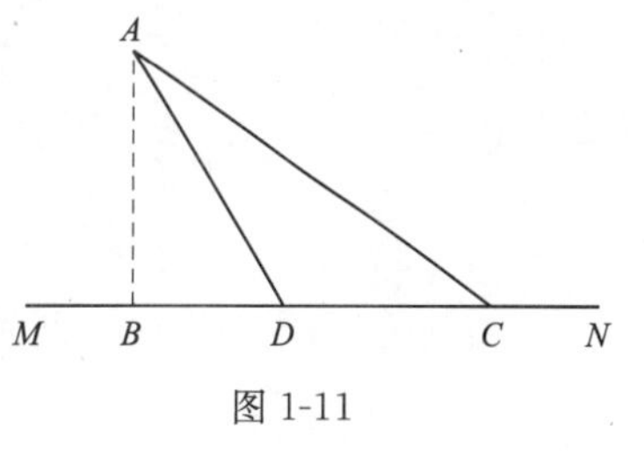

图 1-11

(2)模型假设。根据对象的特征和建模目的，对问题进行必要的、合理的简化，用精确的语言作出假设，尽量使问题简单。

设$\angle BDA=\alpha$，则 $AD=\frac{2}{\sin\alpha}$，$BD=2\cot\alpha$，因此

$$CD=6-2\cot\alpha$$

设此人从点 A 到点 C 所用的时间为 t(h)。

(3)模型建立。根据所作的假设，分析对象的因果关系，建立相应的数学模型，模型可以是函数解析式，也可以是方程式、几何图形、表格或其他形式。

$$t=\frac{AD}{4}+\frac{CD}{5}=\frac{1}{2\sin\alpha}+\frac{6-2\cot\alpha}{5}=\frac{5-4\cos\alpha}{10\sin\alpha}+\frac{6}{5}\quad\left(0<\alpha<\frac{\pi}{2}\right)$$

(4)模型求解。利用数学知识求解。

由数学推导可知$\frac{5-4\cos\alpha}{10\sin\alpha}\geqslant\frac{3}{10}$，所以 t 的最小值为$\frac{3}{10}+\frac{6}{5}=\frac{3}{2}$，此时，$\cos\alpha=\frac{4}{5}$，$\sin\alpha=$

$\frac{3}{5}$，$\cot\alpha=\frac{\cos\alpha}{\sin\alpha}=\frac{4}{3}$，所以，$BD=AB\cdot\cot\alpha=2\times\frac{4}{3}=\frac{8}{3}$(km)

(5)回到实际。通过分析模型解答，对实际问题进行合理的解释，有时需要进行误差分析。

【例 9】 建筑时需要用长度为 l 的装饰膜去贴一个拱形门框内侧，如图 1-12 所示，试建立门的面积 A 与半圆拱形半径 r 之间的函数关系，并求其定义域。

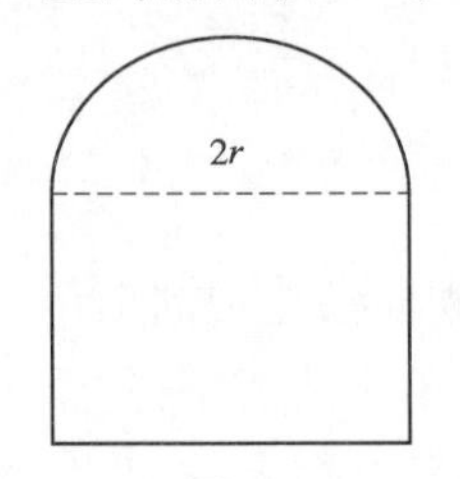

图 1-12

解：设矩形的高为 h，则有 $2h+\pi r=l$，因而 $h=\frac{l-\pi r}{2}$，所以有

$$\begin{aligned}A&=\frac{\pi r^2}{2}+2r\cdot\frac{l-\pi r}{2}\\&=\frac{\pi r^2}{2}+lr-\pi r^2\\&=lr-\pi r^2,0<r<\frac{2l}{\pi}\end{aligned}$$

【例 10】 某市“招手即停”公共汽车的票价按下列规则制定：

(1)5km 以内(含 5km)，票价 2 元；

(2)5km 以上，每增加 5km，票价增加 1 元(不足 5km 的按 5km 计算)。

如果某条线路的总里程为 20km，请根据题意，写出票价与里程之间的函数解析式，并画出函数的图像。

解：设票价为 y，里程为 x，由题意可知，自变量的取值范围是(0,20]，由“招手即停”的票价制定规则，可得函数的解析式：

$$y=\begin{cases}2, & 0<x\leqslant 5\\3, & 5<x\leqslant 10\\4, & 10<x\leqslant 15\\5, & 15<x\leqslant 20\end{cases}$$

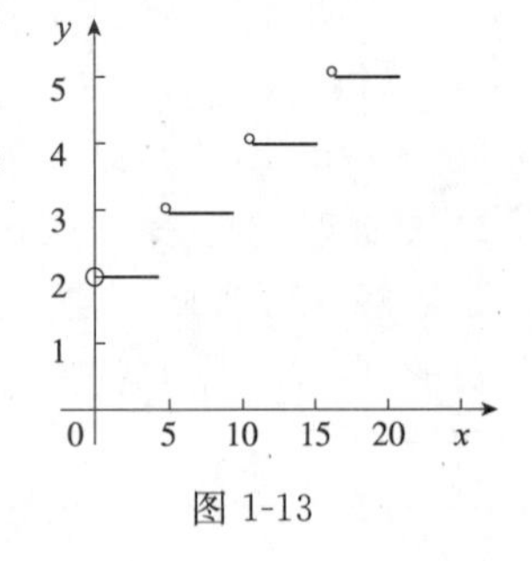

图 1-13

函数的图像如图 1-13 所示。

【例 11】 一汽车租赁公司出租某种汽车的收费标准为每天的基本租金 200 元加每 km 收费 15 元。

(1)试建立租用一辆该种汽车一天的租车费(单位：元)与行车路程 x(单位：km)之间的函数关系；

(2)若某人某天付了 400 元租车费，问他开了多少 km?

解：(1)设租用一辆该种汽车一天的租车费为 y(单位：元)，则 y 为每天的基本租金 200 元和当天行车 $x$km 所收费用 $15x$ 之和，即 $y=200+15x$。

(2)将 400 代入上式，得 $400=200+15x$，解之，得 $x\approx 13.3$(km)。

二、三角函数在电子电工中的应用

1. 交流电路概述

在生产和生活中使用的电能，几乎都是交流电能，即使是电解、电镀、电信等行业需要直流供电，大多数也是将交流电能通过整流装置变成直流电能。在日常生产和生活中所用的交流电,一般都是指正弦交流电。因为交流电能够方便地用变压器改变电压,用高压输电,可将电能输送很远,而且损耗小;交流电机比直流电机构造简单,造价便宜,运行可靠。所以,现在发电厂所发的都是交流电,工农业生产和日常生活中广泛应用的也是交流电。

直流电:每时每刻大小和方向恒定不变,与时间无关(图 1-14)。

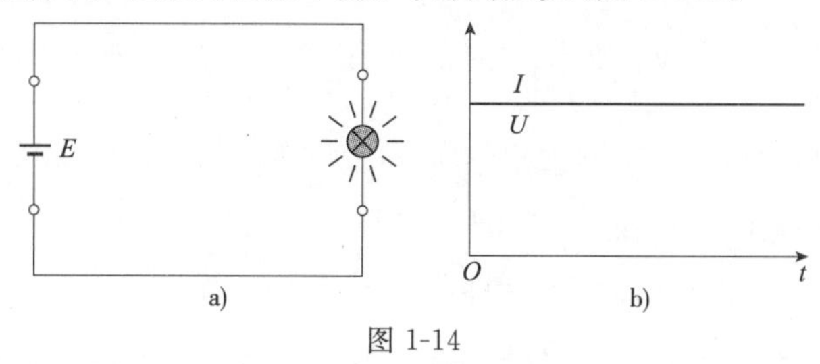

图 1-14

交流电:大小和方向随时间作周期性变化,与时间密切相关(图 1-15)。

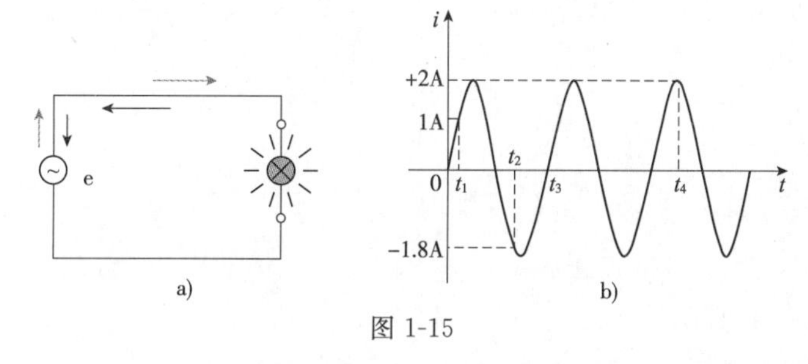

图 1-15

交流电的优点:第一,交流电可以用变压器变压,便于远距离输电;第二,交流电机比同功率直流电机构造简单,造价低;第三,可以用整流装置,将流交电变成所需的直流电;第四,无线电通信中交流信号可放大、传送、变换。

2. 交流电的产生

根据电磁感应定律,导体切割磁力线产生感应电流(图 1-16)。

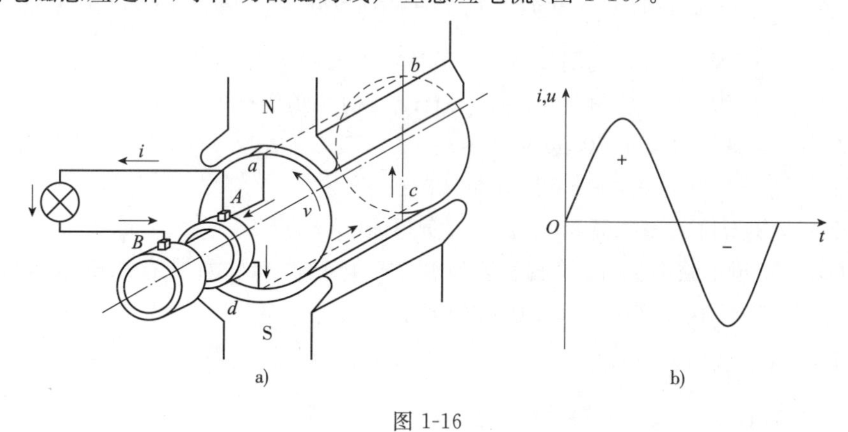

图 1-16

3. 正弦量

我们日常生产和生活中的用电大部分为交流电,交流电的电压、电流均为按正弦规律变化的量,例如

$$u=U_m\sin(\omega t+\varphi_u)$$

$$i=I_m\sin(\omega t+\varphi_i)$$

上式中的 u、i 分别称为正弦电压、正弦电流，统称为正弦量。

上述正弦量就是正弦型函数 $y=A\sin(\omega x+\varphi)$ 在电工学中的应用，它们的波形图就是前面的正弦型曲线。在电工学中，A 称为正弦量的最大值（上式中的 U_m 称为电压最大值，I_m 称为电流最大值），$T=\frac{2\pi}{\omega}$ 称为正弦量的周期（上式中称 $\frac{2\pi}{\omega}$ 为正弦交流电压、电流的周期），$f=\frac{1}{T}$ 称为正弦量的频率，$\omega x+\varphi$ 称为相位，ω 称为角频率，φ 称为初相（上式中的 φ_u 和 φ_i 分别称为正弦交流电压和电流的初相）。

频率（或周期）、最大值（振幅）和初相称为正弦量的三要素。

【例 12】 一个 220V、25W 的电烙铁接到 $u=220\sqrt{2}\sin\left(314t+\frac{\pi}{3}\right)$V 的电源上，试问电烙铁的电功率及 10h 内消耗的电能各为多少？

解：具体计算如下：

$U=U_m/\sqrt{2}=220\text{V}$

$P=25\text{W}$

$W=Pt=25\times10=0.25\text{kW}\cdot\text{h}$

【例 13】 484Ω 的电阻接在正弦电压 $u=311\sin\omega t$ 伏的电源上，试写出电流的瞬时值表达式，并计算电阻的有功功率。

解：$I_m=U_m/R=311/484=0.64\text{A}$

$i=0.64\sin t\,\omega\text{A}$

$P=U^2/R=48400/484=100\text{W}$

【例 14】 电流 $i=10\sin\left(100\pi t-\frac{\pi}{3}\right)$，请问它正弦量的三要素各为多少？在交流电路中，有两个负载，已知它们的电压分别为 $u_1=60\sin\left(314t-\frac{\pi}{6}\right)$V，$u_2=80\sin\left(314t+\frac{\pi}{3}\right)$V，求总电压 u 的瞬时值表达式，并说明 u、u_1、u_2 三者之间的相位关系。

解：(1) 最大值为 10(V)，角频率为 100πrad/s，初相角为 −60°。

(2) $U_{1m}=60\angle30^\circ\text{V}$，$U_{2m}=80\angle60^\circ\text{V}$

则 $U_m=U_{1m}+U_{2m}=60\angle30^\circ+80\angle60^\circ=100\angle23.1^\circ\text{V}$

$u=100\sin(314t+23.1^\circ)(\text{V})$ u 滞后 u_2，而超前 u_1。

【例 15】 工频正弦电压 u_{ab} 的最大值为 311V，初相位为 60°，其有效值为多少？写出其瞬时值表达式；当 $t=0.0025$s 时，U_{ab} 的值为多少？

解：因为 $U_{abm}=\sqrt{2}U_{ab}$

所以有效值 $U_{ab}\frac{1}{\sqrt{2}}U_{abm}=\frac{1}{\sqrt{2}}\times311=220\text{V}$

瞬时值表达式为 $u_{ab}=311\times\sin(314t-60^\circ)\text{V}$

当 $t=0.0025$s 时，$U_{ab}=311\times\sin\left(100\pi\times0.0025-\frac{\pi}{3}\right)=311\sin\left(-\frac{\pi}{12}\right)=-80.5\text{V}$

【阅读材料】

数学史话:函数的起源

函数(function)这一名词,是微积分的奠基人之一莱布尼兹(Leibniz,德国数学家,1646～1716)在1692年首先采用的。

莱布尼兹的学生约翰·伯努利(Bernoulli Johan,1667～1748,瑞士数学家)在1718年给出了函数的明确定义:“变量的函数是由这些变量与常量所组成的一个解析表达式。”而到了18世纪中叶,著名数学家欧拉(Euler,1707～1783,瑞士数学家)则把函数定义为:“函数是随意画的一条曲线”。现在知道,这是函数概念的解析表达式和图像表达法,就是说,历史上曾把“现象”当作“本质”,不过它也说明:“现象”已是进入“本质”的向导,事实上,尽管Bernoulli和Euler的函数定义都具有片面性,但对以后函数概念的发展产生了巨大影响。Euler于1775年在《微分学》一书中还给出了函数的另一种定义:“如果某些变量,以这样一种方式依赖于另一些变量,即当后面这些变量变化时,前面这些变量也随之变化,则将前面的变量称为后面变量的函数。”这个定义朴素的反映了函数中的辩证因素,在特定条件下,体现了“自变”到“因变”的生动过程。但这个定义没有提到两个变量之间的对应关系,因此没有反映出科学的函数概念的特征。另外,现在我们广泛采用的函数符号$f(x)$,也是Euler于1734年首先引用的。在1834年,伟大的俄国数学家罗巴契夫斯基(1793～1856,非欧几何创始人)进一步提出函数的下述定义:“x的函数是这样的一个数:它对于每一个x都有确定的值,并随着x一起变化。函数值可以由解析给出,也可以由一个条件给出,这个条件提供了一种寻求全部对应值的方法,函数的这种依赖关系可以存在,但仍然是未知的。”这个定义指出了对应关系(条件)的必要性,利用这个关系,可以求出每一个x的对应值。

后来法国数学家狄利克雷认为怎样去建立x与y之间的关系是无关紧要的,他对函数的定义是:“如果对于x的每一个值,y总有完全确定的值与之对应,则y是x的函数。”这个定义抓住了函数概念的本质属性:变量y与x构成函数关系,只需有一个法则存在,使得这个函数定义域中的每一个值,都有一个确定的y值与它对应就行了,不管这个法则是公式或图像或表格或其他形式。这个定义比前面的定义更具有普遍性,和现在通常给出的函数定义可以说很接近了。在我国,函数一词是清朝数学家李善兰最先使用的,他在《代数学》的译本中,把“function”译成“函数”,“凡式中有天,为天之函数”。我国古代以天、地、人、物表示未知数(如x、y、z),所以这个函数的定义相当于:若一式中含有x,则称为关于x的函数。“函”和“含”在我国古代可以通用,所以“函”有着包含的意思,这大概就是李善兰用“函数”一词翻译function的原因吧。历史表明,重要数学概念对数学发展的作用是不可估量的,函数概念对数学发展的影响,可以说是贯穿古今、旷日持久、作用非凡,回顾函数概念的历史发展，看一看函数概念不断被精炼、深化、丰富的历史过程，是一件十分有益的事情，它不仅有助于我们提高对函数概念来龙去脉认识的清晰度，而且更能帮助我们领悟数学概念对数学发展、数学学习的巨大作用。

(1)马克思曾经认为，函数概念来源于代数学中不定方程的研究。由于罗马时代的丢番图对不定方程已有相当研究，所以函数概念至少在那时已经萌芽。哥白尼的天文学革命以后，运动就成了文艺复兴时期科学家共同感兴趣的问题，人们在思索：既然地球不是宇宙中心，它本身又有自转和公转，那么下降的物体为什么不发生偏斜而还要垂直下落到地球上？行星运行的轨道是椭圆，原理是什么？还有，研究在地球表面上抛射物体的路线、射程和所能达到的高度，以及炮弹速度对于高度和射程的影响等问题，既是科学家的力图解决的问题，也是军事家要求解决的问题，函数概念就是从运动的研究中引申出的一个数学概念，这是函数概念的力学来源。

(2)早在函数概念尚未明确提出以前，数学家已经接触并研究了不少具体的函数，比如对数函数、三角函数、双曲函数等。1673 年前后笛卡儿在他的解析几何中，已经注意到了一个变量对于另一个变量的依赖关系，但由于当时尚未意识到需要提炼一般的函数概念，因此直到 17 世纪后期牛顿、莱布尼兹建立微积分的时候，数学家还没有明确函数的一般意义。1673 年，莱布尼兹首次使用函数一词表示“幂”，后来他用该词表示曲线上点的横坐标、纵坐标、切线长等曲线上点的有关几何量。由此可以看出，函数一词最初的数学含义是相当广泛而较为模糊的，几乎与此同时，牛顿在微积分的讨论中，使用另一名词“流量”来表示变量间的关系，直到 1689 年，瑞士数学家约翰·贝努里才在莱布尼兹函数概念的基础上，对函数概念进行了明确定义，贝努里把变量 x 和常量按任何方式构成的量称为“x 的函数”，表示为 yx。当时，由于连接变数与常数的运算主要是算术运算、三角运算、指数运算和对数运算，所以后来欧拉就索性把用这些运算连接变数 x 和常数 c 而成的式子，取名为解析函数，还将它分成了“代数函数”与“超越函数”。18 世纪中叶，由于研究弦振动问题，达朗贝尔与欧拉先后引出了“任意的函数”的说法。在解释“任意的函数”概念的时候，达朗贝尔说是指“任意的解析式”，而欧拉则认为是“任意画出的一条曲线”。现在看来这都是函数的表达方式，是函数概念的外延。

(3)函数概念缺乏科学的定义，引起了理论与实践的尖锐矛盾。例如，偏微分方程在工程技术中有广泛应用，但由于没有函数的科学定义，就极大地限制了偏微分方程理论的建立。1833 年至 1834 年，高斯开始把注意力转向物理学。他在和 W·威伯尔合作发明电报的过程中，做了许多关于磁的实验工作，提出了“力与距离的平方成反比例”这个重要的理论，使得函数作为数学的一个独立分支而出现了，实际的需要促使人们对函数的定义进一步研究。

后来，人们又给出了这样的定义：如果一个量依赖着另一个量，当后一量变化时前一量也随着变化，那么第一个量称为第二个量的函数。“这个定义虽然还没有道出函数的本质，但却把变化、运动注入函数定义中去，是可喜的进步。”

在函数概念发展史上，法国数学家富里埃的工作影响最大，富里埃深刻地揭示了函数的本质，主张函数不必局限于解析表达式。1822 年，他在名著《热的解析理论》中说，“通常，函数表示相接的一组值或纵坐标，它们中的每一个都是任意的……，我们不假定这些纵坐标服从一个共同的规律；他们以任何方式一个挨一个。”在该书中，他用一个三角级数和的形式表达了一个由不连续的“线”所给出的函数。

富里埃的研究，从根本上动摇了旧的关于函数概念的传统思想，在当时的数学界引起了很大的震动。原来，在解析式和曲线之间并不存在不可逾越的鸿沟，级数把解析式和曲线沟通了，那种视函数为解析式的观点终于成为揭示函数关系的巨大障碍。

通过一场争论，产生了罗巴切夫斯基和狄里克莱的函数定义。1834 年，俄国数学家罗巴切夫斯基提出函数的定义：“x 的函数是这样的一个数，它对于每个 x 都有确定的值，并且随着 x 一起变化。函数值可以由解析式给出，也可以由一个条件给出，这个条件提供了一种寻求全部对应值的方法。函数的这种依赖关系可以存在，但仍然是未知的。”这个定义建立了变量与函数之间的对应关系，是对函数概念的一个重大发展，因为“对应”是函数概念的一种本质属性与核心部分。

第2章 极限与连续

学习目标

1. 理解极限的概念；
2. 熟练掌握极限的四则运算法则；
3. 熟练掌握两个重要极限；
4. 理解无穷大、无穷小的概念；
5. 掌握无穷小的性质及比较；
6. 理解无穷小与无穷大的性质；
7. 理解函数的连续性的概念；
8. 熟练掌握函数的间断点及其类型；
9. 熟练掌握闭区间上连续函数的性质。

§2.1 极　限

一、数列的极限

数列极限的思想早在古代就已萌生。我国古代著名的“一尺之棰，日取其半，万世不竭”的论断，就是数列极限思想的体现。

定义1 函数 $u_n=f(n)$，其中 n 为正整数，那么按自变量 n 增大的顺序排列的一串数 $f(1),f(2),\cdots,f(n)$，称为数列。记作$\{u_n\}$或数列 u_n。数列的单调性和有界性，与函数的相应定义基本一致。若存在一个常数 $M>0$，使得$|u_n|\leqslant M(n=1,2,\cdots)$恒成立，则称 u_n 为有界数列；若数列 u_n 满足 $u_n<u_{n+1}$ 恒成立或 $u_n>u_{n+1}(n=1,2,\cdots)$恒成立，则分别称$\{u_n\}$为单调递增数列或单调递减数列，这两种数列统称为单调数列。

定义2 当 $n\to+\infty$ 时，数列 u_n 无限接近一个确定的常数 A，则称 A 为数列 u_n 的极限。记作：$\lim\limits_{n\to+\infty}u_n=A$ 或者 $u_n\to A(n\to+\infty)$。

【例1】 观察下列数列的变化趋势，试确定它们有无极限，有极限的求出极限。

(1) $u_n=\dfrac{1}{n}$　　　　(2) $u_n=\dfrac{n+2}{n+1}$

(3) $u_n=n^2$　　　　(4) $u_n=\sin\dfrac{n\pi}{2}$

解：列表计算，见表2-1所列。

列 表 计 算　　　　表 2-1

数 列	1	2	3	4	5	…	极 限
$u_n=\frac{1}{n}$	1	$\frac{1}{2}$	$\frac{1}{3}$	$\frac{1}{4}$	$\frac{1}{5}$	…	$\to 0$
$u_n=\frac{n+2}{n+1}$	$\frac{3}{2}$	$\frac{4}{3}$	$\frac{5}{4}$	$\frac{6}{5}$	$\frac{7}{6}$	…	$\to 1$
$u_n=n^2$	1	4	9	16	25	…	$\to\infty$
$u_n=\sin\frac{n\pi}{2}$	1	0	-1	0	1	…	不存在

由表 2-1 可得出以下结论：

(1) $\lim\limits_{n\to+\infty}\frac{1}{n}=0$　　(2) $\lim\limits_{n\to+\infty}\frac{n+2}{n+1}=1$

(3) $\lim\limits_{n\to+\infty}n^2$ 不存在　　(4) $\lim\limits_{n\to+\infty}\sin\frac{n\pi}{2}$不存在

二、函数的极限

1. $x\to x_0$ 时，函数 $f(x)$的极限

从函数 $f(x)=x^2$ 的图形可以看出，当自变量 x 任意无限接近于 1 时(以 $x\to 1$ 来表示)，函数 $y=f(x)=x^2$ 无限接近于常数 1，称常量 1 为函数 $f(x)=x^2$ 当 $x\to 1$ 时的极限。

对于符号函数 $y=\operatorname{sgn}x=\begin{cases}1, & x>0\\ 0, & x=0\\ -1, & x<0\end{cases}$，当 x 从左边无限接近于 0 时，函数无限接近于-1；而当 x 从右边无限接近于 0 时，函数无限接近于 1。这种情况下，称 $x\to 1$ 时函数无极限，如图 2-1 所示。

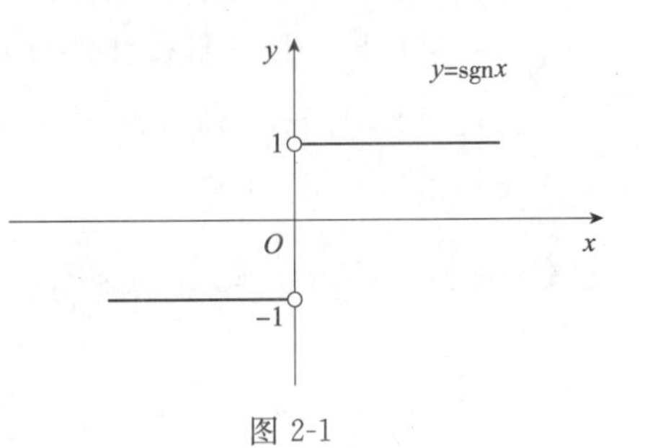

图 2-1

定义 3　(1)当 x 小于 x_0 而趋向于 x_0(记为 $x\to x_0^-$)时，$f(x)$趋向于常数 A，则称 A 为当 $x\to x_0$ 时 $f(x)$的左极限，或简称 $f(x)$在 x_0 处的左极限为 A，记作：$\lim\limits_{x\to x_0^-}f(x)=A$ 或 $f(x_0-0)=A$ ($x\to x_0^-$ 时)。

(2)当 x 大于 x_0 而趋向于 x_0(记为 $x\to x_0^+$)时，$f(x)$趋向于常数 A，则称 A 为当 $x\to x_0$ 时 $f(x)$的右极限，或简称 $f(x)$在 x_0 处的右极限为 A，记作：$\lim\limits_{x\to x_0^+}f(x)=A$ 或 $f(x_0+0)=A$ ($x\to x_0^+$)。

左极限和右极限统称为单侧极限。

定义 4　当 x 趋向于 x_0 时，$f(x)$趋向于常数 A，则称 A 为当 $x\to x_0$ 时的 $f(x)$的极限，记作$\lim\limits_{x\to x_0}f(x)=A$ 或 $f(x)\to A(x\to x_0$ 时)。

显然，当 $x\to x_0$ 时函数 $f(x)$极限存在的充分必要条件是：$f(x)$当 $x\to x_0$ 时的左、右极限

都存在而且相等，即 $f(x_0-0)=f(x_0+0)$ 时，这个值就是 $f(x)$ 当 $x\to x_0$ 时的极限。由此可见，符号函数 $y=\text{sgn}x$ 在 $x\to 0$ 时的极限不存在。

【例 2】 设函数 $f(x)=\begin{cases}1, & x<0\\ x-2, & x\geqslant 0\end{cases}$，研究当 $x\to 0$ 时，函数 $f(x)$ 的极限是否存在。

解： 当 $x<0$ 时，有 $\lim\limits_{x\to 0^-}f(x)=\lim\limits_{x\to 0^-}1=1$；当 $x>0$ 时，有 $\lim\limits_{x\to 0^+}f(x)=\lim\limits_{x\to 0^+}(x-2)=-2$。函数 $f(x)$ 在点 $x=0$ 处的左、右极限都存在，但不相等，即

$$f(0-0)\neq f(0+0)$$

所以当 $x\to 0$ 时，函数 $f(x)$ 的极限不存在。

【例 3】 设 $f(x)=\begin{cases}x+1, x\leqslant 0\\ a, \quad x>0\end{cases}$，问 a 为何值时，极限 $\lim\limits_{x\to 0}f(x)$ 存在。

解： $x=0$ 是函数 $f(x)$ 的分段点。

$$f(0-0)=\lim_{x\to 0^-}(x+1)=1, f(0+0)=\lim_{x\to 0^+}a=a$$

若要极限 $\lim\limits_{x\to 0}f(x)$ 存在，必须 $f(0-0)=f(0+0)$，即当 $a=1$ 时，$\lim\limits_{x\to 0}f(x)$ 存在。

2. $x\to\infty$ 时，函数 $f(x)$ 的极限

定义 5 当 $|x|$ 无限增大时，函数 $f(x)$ 无限接近于常数 A，则称 A 为 $x\to\infty$ 时 $f(x)$ 的极限，记作：$\lim\limits_{x\to\infty}f(x)=A$ 或 $f(x)\to A(x\to\infty$ 时）。

这时，根据 x 的正负性，当 $|x|$ 无限增大时，可分为两种情况：

(1) $x>0$ 且 $|x|$ 无限增大时，$f(x)$ 无限接近于常数 A，此时极限可记作：$\lim\limits_{x\to+\infty}f(x)=A$；

(2) $x<0$ 且 $|x|$ 无限增大时，$f(x)$ 无限接近于常数 A，此时极限可记作：$\lim\limits_{x\to-\infty}f(x)=A$。

由此可见，$x\to+\infty$ 时，$f(x)$ 的极限存在的充要条件是：$\lim\limits_{x\to+\infty}f(x)=\lim\limits_{x\to-\infty}f(x)=A$，即此时有极限 $\lim\limits_{x\to\infty}f(x)=A$ 成立。

【例 4】 求当 $x\to\infty$ 时函数 $f(x)=\dfrac{1}{x}$ 的极限。

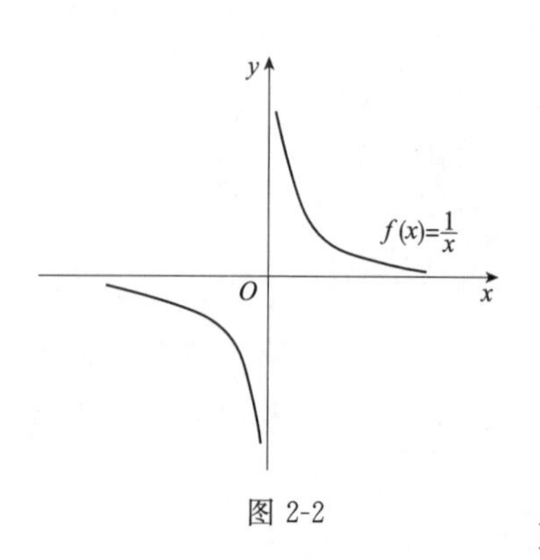

图 2-2

解： $\lim\limits_{x\to+\infty}\dfrac{1}{x}=0$，$\lim\limits_{x\to-\infty}\dfrac{1}{x}=0$，即 $\lim\limits_{x\to\infty}\dfrac{1}{x}=0$，如图 2-2 所示。

【例 5】 考察下列函数的极限：

(1) $x\to+\infty$ 时，函数 $(\dfrac{1}{2})^x$ 的变化趋势；

(2) $x\to\infty$ 时，函数 2^x 的变化趋势。

解： (1) 由图 2-3 可以看出，$\lim\limits_{x\to+\infty}(\dfrac{1}{2})^x=0$；

(2) 由图 2-3 可以看出，$\lim\limits_{x\to+\infty}2^x=+\infty$，$\lim\limits_{x\to-\infty}2^x=0$，故 $\lim\limits_{x\to\infty}2^x$ 不存在。

【例 6】 考察当 $x\to\infty$ 时，函数 $y=\arctan x$ 的极限。

解： 由图 2-4 可以看出，$\lim\limits_{x\to+\infty}\arctan x=\dfrac{\pi}{2}$，$\lim\limits_{x\to-\infty}\arctan x=-\dfrac{\pi}{2}$，由于 $\lim\limits_{x\to+\infty}\arctan x\neq\lim\limits_{x\to-\infty}\arctan x$，所以函数 $y=\arctan x$ 当 $x\to\infty$ 时，极限不存在。

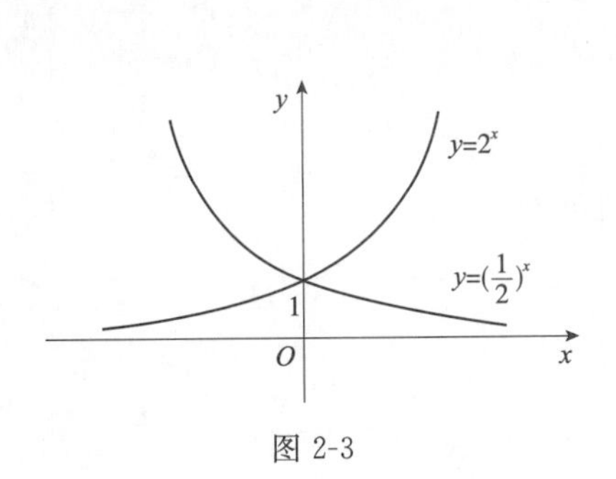

图 2-3

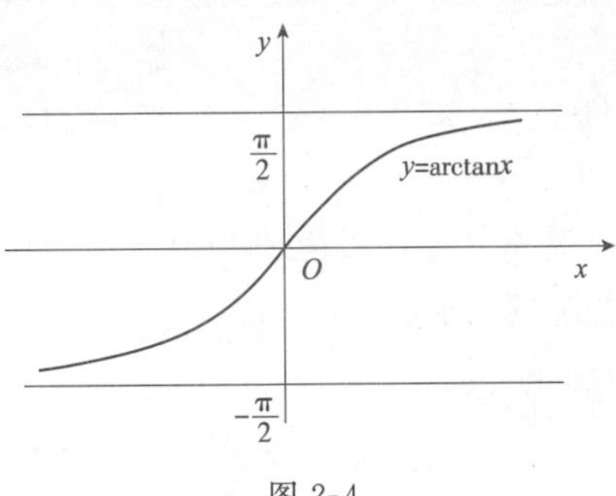

图 2-4

问题:比较数列的极限与函数的极限的关系。

习 题 一

1. 观察下列数列的变化趋势,写出它们的极限。

(1) $u_n=\frac{1}{2^n}$　　(2) $u_n=(-1)^n\frac{1}{n}$

(3) $u_n=\frac{n+1}{n-1}$　　(4) $u_n=\frac{2^n-1}{2^n}$

2. 证明函数 $f(x)=\frac{x}{|x|}$,当 $x\to 0$ 时极限不存在。

3. 设 $f(x)=\begin{cases}x+1, x\geqslant 2\\ 4-x, x<2\end{cases}$,求函数 $f(x)$ 当 $x\to 2$ 时的左、右极限,并确定当 $x\to 2$ 时 $f(x)$ 的极限是否存在。

§2.2 极限的四则运算

定理 1 设函数 $y=f(x)$,$z=g(x)$ 在 $x\to x_0$(或 $x\to\infty$)时都存在极限,且 $\lim f(x)=A$,$\lim g(x)=B$,则它们的和、差、积、商(分母的极限不为零时)在 $x\to x_0$(或 $x\to\infty$)时也存在极限,且有如下结论:

(1) $\lim[f(x)\pm g(x)]=\lim f(x)\pm\lim g(x)=A\pm B$

(2) $\lim f(x)g(x)=\lim f(x)\lim g(x)=AB$

(3) $\lim\frac{f(x)}{g(x)}=\frac{\lim f(x)}{\lim g(x)}=\frac{A}{B}(B\neq 0)$

推论 1 常数可以提到极限号前,即

$$\lim Cf(x) = C\lim f(x)$$

推论 2 若 $\lim f(x)=A$,且 m 为自然数,则

$$\lim[f(x)]^m = [\lim f(x)]^m = A^m$$

下面举几个用极限的四则运算法则求函数极限的示例。

【例 7】 求 $\lim\limits_{x\to 1}(x^3-2x^2+2x-1)$ 的值。

解: $\lim\limits_{x\to 1}(x^3-2x^2+2x-1)=\lim\limits_{x\to 1}x^3-2\lim\limits_{x\to 1}x^2+2\lim\limits_{x\to 1}x-1$

$=1-2+2-1=0$

【例 8】 求 $\lim\limits_{x\to 2}\dfrac{x^2-2x+4}{x^2+x-1}$ 的值。

解: $\lim\limits_{x\to 2}(x^2+x-1)=5\neq 0$

故

$$\lim_{x\to 2}\frac{x^2-2x+4}{x^2+x-1}=\frac{\lim\limits_{x\to 2}(x^2-2x+4)}{\lim\limits_{x\to 2}(x^2+x-1)}=\frac{4}{5}$$

【例 9】 求 $\lim\limits_{x\to 1}\dfrac{x^3-1}{x-1}$ 的值。

解: $\lim\limits_{x\to 1}(x-1)=0$, $\lim\limits_{x\to 1}(x^3-1)=0$,因此此题不能直接用运算法则,一般称这一极限为“$\dfrac{0}{0}$”型的未定型。

注意到 $x^3-1=(x-1)(x^2+x+1)$ 分子与分母都有趋向于 0 的公因子 $(x-1)$,故分子、分母可以消去公因子,则有

$$\lim_{x\to 1}\frac{x^3-1}{x-1}=\lim_{x\to 1}\frac{(x-1)(x^2+x+1)}{(x-1)}=\lim_{x\to 1}(x^2+x+1)=3$$

【例 10】 求 $\lim\limits_{x\to\infty}\dfrac{3x^2+x-1}{x^2+2x+3}$ 的值。

解: 当 $x\to\infty$ 时,分子、分母的极限皆为无穷大,一般称这一极限为“$\dfrac{\infty}{\infty}$”型的未定型。可以用 x^2 去除分子、分母。即

$$\lim_{x\to\infty}\frac{3x^2+x-1}{x^2+2x+3}=\lim_{x\to\infty}\frac{3+\dfrac{1}{x}-\dfrac{1}{x^2}}{1+\dfrac{2}{x}+\dfrac{3}{x^2}}=3$$

【例 11】 求 $\lim\limits_{x\to\infty}\dfrac{3x^2-2x+5}{4x^3+x-1}$ 的值。

解: 这是“$\dfrac{\infty}{\infty}$”型未定式,用 x^3 去除分子、分母得

$$\lim_{x\to\infty}\frac{\dfrac{3}{x}-\dfrac{2}{x^2}+\dfrac{5}{x^3}}{4+\dfrac{1}{x^2}-\dfrac{1}{x^3}}=0$$

【例 12】 求 $\lim\limits_{x\to 2}\left(\dfrac{x^2}{x^2-4}-\dfrac{1}{x-2}\right)$ 的值。

解: 由于括号内两项的极限都是无穷大,因此一般将其称为“$\infty-\infty$”型极限。一般的处

理方法是先通分再约分，即

$$\lim_{x\to2}\left(\frac{x^2}{x^2-4}-\frac{1}{x-2}\right)=\lim_{x\to2}\frac{x^2-x-2}{x^2-4}=\lim_{x\to2}\frac{(x-2)(x+1)}{(x-2)(x+2)}=\frac{3}{4}$$

【例 13】 求$\lim\limits_{n\to\infty}\left(\frac{1}{n^2}+\frac{2}{n^2}+\cdots+\frac{n}{n^2}\right)$的值。

解: 当$n\to\infty$时，数列不是有限项的和，不能用定理 1 中的结论(1)，可以考虑先变形，然后再求极限，即

$$\frac{1}{n^2}+\frac{2}{n^2}+\frac{3}{n^2}+\cdots+\frac{n}{n^2}=\frac{1+2+3+\cdots+n}{n^2}=\frac{1}{n^2}\frac{n(n+1)}{2}=\frac{n+1}{2n}$$

所以$\lim\limits_{n\to\infty}\left(\frac{1}{n^2}+\frac{2}{n^2}+\cdots+\frac{n}{n^2}\right)=\lim\limits_{n\to\infty}\frac{n+1}{2n}=\lim\limits_{n\to\infty}\frac{1+\frac{1}{n}}{2}=\frac{1}{2}$

习 题 二

求下列极限：

(1) $\lim\limits_{x\to2}(3x^4-5x^2+x-6)$

(2) $\lim\limits_{x\to\frac{1}{3}}(27x^2-3)(6x+1)$

(3) $\lim\limits_{x\to\sqrt{3}}\frac{x^2-3}{x^4+x^2+1}$

(4) $\lim\limits_{x\to-1}\frac{x^2-2x-3}{x^2-3x+2}$

(5) $\lim\limits_{x\to0}\frac{4x^3-2x^2+x}{3x^2+x}$

(6) $\lim\limits_{x\to a}\frac{\sqrt{x}-\sqrt{a}}{x-a}(a>0)$

(7) $\lim\limits_{x\to1}\frac{\sqrt[3]{x}-1}{\sqrt{x}-1}$

(8) $\lim\limits_{x\to1}\left(\frac{1}{1-x}-\frac{3}{1-x^3}\right)$

(9) $\lim\limits_{x\to\infty}\frac{x^2+2x-1}{x^3+x+4}$

(10) $\lim\limits_{x\to\infty}\frac{2x^2+x-1}{4x^2+2x+5}$

(11) $\lim\limits_{x\to\infty}\left(\frac{x}{x-1}-\frac{1}{x^2-1}\right)$

(12) $\lim\limits_{x\to\infty}x^2\left(\frac{x}{x+1}-\frac{1}{x-1}\right)$

(13) $\lim\limits_{x\to\infty}\frac{(2x+1)^{20}(3x-1)^{30}}{(5x+2)^{50}}$

(14) $\lim\limits_{x\to\infty}\frac{1+2+3+\cdots+(x-1)}{x^2}$

(15) $\lim\limits_{x\to\infty}\left(\frac{1}{2}+\frac{1}{4}+\frac{1}{8}\cdots+\frac{1}{2^x}\right)$

(16) $\lim\limits_{x\to\infty}\frac{1^2+2^2+\cdots+x^2}{x^2}$

§2.3 两个重要极限

一、第一个重要极限

$$\lim_{x\to0}\frac{\sin x}{x}=1 \tag{2-1}$$

定理 2 如果$g(x)$、$f(x)$、$h(x)$满足下列两个条件：

(1)对于 x_0 的某一空心邻域内的一切 x,有 $g(x)\leqslant f(x)\leqslant h(x)$成立;

(2) $\lim\limits_{x\to x_0}g(x)=\lim\limits_{x\to x_0}h(x)=A$;

则有 $\lim\limits_{x\to x_0}f(x)=A$。此定理称为夹逼定理(证略)。

下面用上述定理证明重要极限 $\lim\limits_{x\to 0}\dfrac{\sin x}{x}=1$。

证明: 函数 $\dfrac{\sin x}{x}$ 除点 $x=0$ 外,处处有定义。

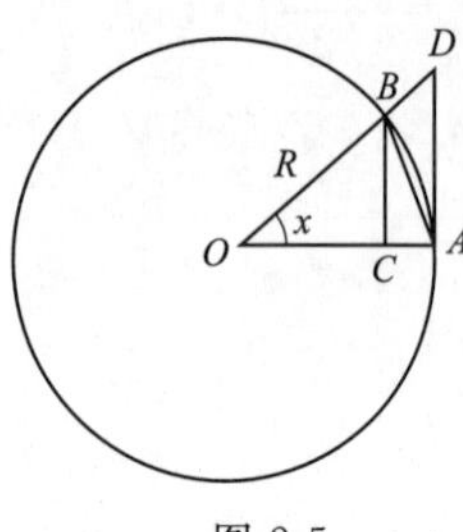

图 2-5

首先假定 $0<x<\dfrac{\pi}{2}$,作半径为 1 的单位圆(图 2-5),设圆心角 $\angle AOB=x$ 弧度,点 A 处的切线与 OB 的延长线交于 D,$AC\perp BC$,则 $\triangle AOB$ 面积<扇形 AOB 的面积<$\triangle AOD$ 的面积。

所以

$$\frac{1}{2}\sin x<\frac{1}{2}x<\frac{1}{2}\tan x$$

于是

$$\frac{1}{\sin x}>\frac{1}{x}>\frac{\cos x}{\sin x}$$

以 $\sin x$ 去乘上式得

$$1>\frac{\sin x}{x}>\cos x$$

由于 $\lim\limits_{x\to 0^+}\cos x=1$,$\lim\limits_{x\to 0^+}1=1$,由夹逼定理可知

$$\lim_{x\to 0^+}\frac{\sin x}{x}=1$$

又由于 $\dfrac{\sin x}{x}$ 是偶函数,所以当 $x\to 0^-$ 时,函数的变化趋势与 $x\to 0^+$ 时相同,于是有

$$\lim_{x\to 0}\frac{\sin x}{x}=1$$

【例 14】 求 $\lim\limits_{x\to 0}\dfrac{\sin 3x}{\sin 2x}$ 的值。

解: $\lim\limits_{x\to 0}\left(\dfrac{\sin 3x}{3x}\cdot\dfrac{2x}{\sin 2x}\cdot\dfrac{3x}{2x}\right)=\dfrac{3}{2}\lim\limits_{x\to 0}\dfrac{\sin 3x}{3x}\lim\dfrac{2x}{\sin 2x}=\dfrac{3}{2}$

【例 15】 求 $\lim\limits_{x\to 0}\dfrac{\tan x}{x}$ 的值。

解: $\lim\limits_{x\to 0}\dfrac{\tan x}{x}=\lim\limits_{x\to 0}(\dfrac{\sin x}{x}\dfrac{1}{\cos x})=\lim\limits_{x\to 0}\dfrac{\sin x}{x}\lim\limits_{x\to 0}\dfrac{1}{\cos x}=1$

【例 16】 求 $\lim\limits_{x\to 0}\dfrac{1-\cos x}{x^2}$ 的值。

解: $\lim\limits_{x\to 0}\dfrac{1-\cos x}{x^2}=\lim\limits_{x\to 0}\left(\dfrac{2\sin^2\dfrac{x}{2}}{x^2}\right)=\lim\limits_{x\to 0}\dfrac{1}{2}\left(\dfrac{\sin\dfrac{x}{2}}{\dfrac{x}{2}}\right)^2=\dfrac{1}{2}$

二、第二个重要极限

$$\lim_{x\to\infty}\left(1+\frac{1}{x}\right)^x = e \qquad (2\text{-}2)$$

通过列表考察 $x\to\infty$,函数的变化趋势见表 2-2 和表 2-3 所列。

函数的变化趋势($x\to-\infty$)　　表 2-2

x	-10^2	-10^3	-10^4	-10^5	-10^6	…
$\left(1+\frac{1}{x}\right)^x$	2.73200	2.71946	2.71841	2.71830	2.71828	…

函数的变化趋势($x\to+\infty$)　　表 2-3

x	10^2	10^3	10^4	10^5	10^6	…
$\left(1+\frac{1}{x}\right)^x$	2.70481	2.71692	2.71815	2.71827	2.71828	…

由表 2-2 和表 2-3 可以看出,当 $x\to-\infty$或 $x\to+\infty$时,函数的值越来越接近于一个确定的数 2.7182…。这个确定的数用 e 来表示,即

$$\lim_{x\to\infty}(1+\frac{1}{x})^x = e \qquad (e = 2.718\,281\,828\cdots,是无理数)$$

在上式中令 $t=\frac{1}{x}$,则 $x\to\infty$时,$t\to0$,于是上式可变成$\lim\limits_{t\to0}(1+t)^{\frac{1}{t}}=e$,即

$$\lim_{x\to0}(1+x)^{\frac{1}{x}} = e \qquad (2\text{-}3)$$

【例 17】 求$\lim\limits_{x\to\infty}\left(1+\frac{2}{x}\right)^x$的值。

解:令$\frac{2}{x}=\frac{1}{t}$,当 $x\to\infty$时,$t\to\infty$。

原式$=\lim\limits_{t\to\infty}\left(1+\frac{1}{t}\right)^{2t}=\left[\lim\limits_{t\to\infty}\left(1+\frac{1}{t}\right)^t\right]^2=e^2$

该方法掌握熟练后,可不设新变量,直接求解。

【例 18】 求$\lim\limits_{x\to0}(1-x)^{\frac{1}{3x}}$的值。

解:$\lim\limits_{x\to0}(1-x)^{\frac{1}{3x}}=\lim\limits_{x\to0}(1-x)^{-\frac{1}{x}(-\frac{1}{3})}=\lim\limits_{x\to0}\left[(1-x)^{-\frac{1}{x}}\right]^{-\frac{1}{3}}=e^{-\frac{1}{3}}$

【例 19】 求$\lim\limits_{x\to\infty}\left(\frac{x+2}{x-1}\right)^x$的值。

解:
$$\begin{aligned}\lim_{x\to\infty}\left(\frac{x+2}{x-1}\right)^x &=\lim_{x\to\infty}\left(1+\frac{3}{x-1}\right)^x\\ &=\lim_{x\to\infty}\left(1+\frac{3}{x-1}\right)^{x-1}\cdot\lim_{x\to\infty}\left(1+\frac{3}{x-1}\right)\\ &=\lim_{x\to\infty}\left(1+\frac{3}{x-1}\right)^{\frac{x-1}{3}\times3}\\ &=\lim_{x\to\infty}\left[\left(1+\frac{3}{x-1}\right)^{\frac{x-1}{3}}\right]^3=e^3\end{aligned}$$

【例 20】 求$\lim\limits_{x\to 0}\frac{\ln(1+x)}{x}$的值。

解:$\lim\limits_{x\to 0}\frac{\ln(1+x)}{x}=\lim\limits_{x\to 0}\ln(1+x)^{\frac{1}{x}}=\ln e=1$

【例 21】 求$\lim\limits_{x\to 0}\frac{e^{x-1}}{x}$的值。

解:令 $u=e^x-1$,则 $x=\ln(1+u)$,当 $x\to 0$ 时,$u\to 0$,所以 $x\to 0$ 时,

$$\lim_{x\to 0}\frac{e^x-1}{x}=\lim_{u\to 0}\frac{u}{\ln(1+u)}=1$$

议一议　讲一讲

问题:用第一个重要极限证明 $\lim\limits_{x\to 0}\frac{\sin x}{\tan x}=1$ 和 $\lim\limits_{x\to 0}\frac{\tan x}{x}=1$。

习　题　三

1.求下列极限:

(1)$\lim\limits_{x\to 0}\frac{\tan 5x}{x}$

(2)$\lim\limits_{x\to 0}\frac{\sin 2x}{\sin 5x}$

(3)$\lim\limits_{x\to 0}\frac{1-\cos x}{x\tan x}$

(4)$\lim\limits_{x\to 0}\frac{\sin x^3}{(\sin x)^3}$

(5)$\lim\limits_{x\to 0}x\tan 2x$

(6)$\lim\limits_{n\to\infty}2^n\sin\frac{x}{2^n}$($x$ 为不等于零的常数)

2.求下列极限:

(1)$\lim\limits_{x\to 0}(1-x)^{\frac{2}{x}}$

(2)$\lim\limits_{x\to 0}(1+2x)^{\frac{1}{x}}$

(3)$\lim\limits_{x\to\infty}\left(1+\frac{5}{x}\right)^{-2x}$

(4)$\lim\limits_{x\to\infty}\left(\frac{x}{1+x}\right)^{x+2}$

(5)$\lim\limits_{x\to\infty}\left(\frac{2x+3}{2x+1}\right)^{x+1}$

(6)$\lim\limits_{x\to\infty}\left(\frac{x^2+2}{x^2+1}\right)^{x^2+1}$

(7)$\lim\limits_{x\to 0}\left(\frac{3+3x}{3+2x}\right)^{\frac{1}{x}}$

(8)$\lim\limits_{x\to 0}(1+3\tan x)^{\cot x}$

3.用夹逼定理求极限$\lim\limits_{x\to\infty}\left(\frac{1}{\sqrt{n^2+1}}+\frac{1}{\sqrt{n^2+2}}+\cdots+\frac{1}{\sqrt{n^2+n}}\right)$的值。

§2.4　无穷大和无穷小

一、无穷大

定义 6　如果 x 在某一趋势下,函数 $f(x)$的绝对值无限增大,那么函数 $f(x)$称为在这

个趋势下的无穷大量,简称无穷大。

当 $x\to x_0$ 时,$f(x)$为无穷大量,记作$\lim\limits_{x\to x_0}f(x)=\infty$;当 $x\to\infty$时,$f(x)$为无穷大量,记作$\lim\limits_{x\to\infty}f(x)=\infty$。例如$\lim\limits_{x\to 1}\dfrac{1}{x-1}=\infty$,$\lim\limits_{x\to\infty}x^3=\infty$。有时,所研究的无穷大量具有确定的符号,若在 x 的某一趋势下时,恒正的无限变大,或者恒负的而其绝对无限变大,则记作 $\lim\limits_{\substack{x\to x_0\\(x\to\infty)}}f(x)=+\infty$或$\lim\limits_{\substack{x\to x_0\\(x\to\infty)}}f(x)=-\infty$。例如,$\lim\limits_{x\to+\infty}x^2=+\infty$,$\lim\limits_{x\to-\infty}(-x^2)=-\infty$等。

注意:条件充分时,尽量确定 $f(x)$是趋向正无穷,还是趋向负无穷;切不可把无穷大量理解为一个很大的数;按照极限的定义,趋于无穷大不能算存在极限,$\lim\limits_{\substack{x\to x_0\\(x\to\infty)}}f(x)=\infty$只是无穷大量的记法。

二、无穷小

定义 7 如果 x 在某一趋势下,函数 $f(x)$的极限为零,那么函数 $f(x)$称为在这个趋势下的无穷小量,简称无穷小,记作 $\lim\limits_{\substack{x\to x_0\\(x\to\infty)}}f(x)=0$。例如,当 $x\to 0$ 时,函数 x^2,$\sin x$,$\ln(x+1)$都是无穷小量;函数$(x-1)$是当 $x\to 1$ 时的无穷小量;函数$\dfrac{1}{x}$,$\dfrac{1}{x^2}$是当 $x\to\infty$时的无穷小量。

注意:不能把一个绝对值很小的数看成无穷小量。常数零是无穷小量,但无穷小量不一定是零。

定理 3 如果 x 在某一趋势下,函数 $f(x)$以常数 A 为极限,则 $f(x)$等于 A 与一个无穷小之和;反之,如果函数 $f(x)$可以表示成常数 A 与无穷小之和,则该常数 A 为函数 $f(x)$的极限。

性质 1 有限个无穷小的代数和仍是无穷小。

性质 2 有界函数与无穷小的乘积是无穷小。

性质 3 常数与无穷小的乘积是无穷小。

性质 4 有限个无穷小之积为无穷小。

【例 22】 求$\lim\limits_{x\to 0}x\sin\dfrac{1}{x}$的值。

解:因为$\lim\limits_{x\to 0}x=0$,$\left|\sin\dfrac{1}{x}\right|\leqslant 1$,由性质 2 可得$\lim\limits_{x\to 0}x\sin\dfrac{1}{x}=0$。

【例 23】 求$\lim\limits_{x\to\infty}\dfrac{\sin x}{x}$的值。

解:因为$\lim\limits_{x\to\infty}\dfrac{\sin x}{x}=\lim\limits_{x\to\infty}\left(\dfrac{1}{x}\sin x\right)$,并且$\lim\limits_{x\to\infty}\dfrac{1}{x}=0$,$\left|\sin x\right|\leqslant 1$,由性质 2 可得,$\lim\limits_{x\to\infty}\dfrac{\sin x}{x}=0$。

定理 4 无穷大和无穷小有如下关系:

(1)若 $\lim f(x)=\infty$,则 $\lim\dfrac{1}{f(x)}=0$;

(2)设 $f(x)\neq 0$,若 $\lim f(x)=0$,则 $\lim\dfrac{1}{f(x)}=\infty$。

例如,当 $x\to 0$ 时,x 是无穷小,$\frac{1}{x}$是无穷大。

【例 24】 求$\lim\limits_{x\to 1}\frac{x+1}{x-1}$的值。

解:当 $x\to 1$ 时,分母的极限为零,不能应用极限运算法则,但因为$\lim\limits_{x\to 1}\frac{x-1}{x+1}=0$,根据定理 4 可得$\lim\limits_{x\to 1}=\frac{x+1}{x-1}=\infty$。

【例 25】 求$\lim\limits_{x\to\infty}\frac{x^3+x^2-x+1}{2x^2+x+4}$的值。

解:因为$\lim\limits_{x\to\infty}\frac{2x^2+x+4}{x^3+x^2-x+1}=\lim\limits_{x\to\infty}\frac{2+\frac{1}{x}+\frac{4}{x^2}}{x+1-\frac{1}{x}+\frac{1}{x^2}}=0$,所以$\lim\limits_{x\to\infty}\frac{x^3+x^2-x+1}{2x^2+x+4}=\infty$。

由以上所述可以得出一般性的结论:

$$\lim_{x\to\infty}\frac{a_m x^m+a_{m-1}x^{m-1}+\cdots a_1 x+a_0}{b_n x^n+b_{n-1}x^{n-1}+\cdots+b_1 x+b_0}=\begin{cases}\infty & ,m>n\\ \frac{a_m}{b_n} & ,m=n\\ 0 & ,m<n\end{cases}\qquad (a_m b_n\neq 0)$$

此结论可以作为公式使用,在此不给出其证明过程,感兴趣的读者可以自己证明。

三、无穷小的比较

由无穷小的性质知道,有限个无穷小量的和、差、积仍然是无穷小,而两个无穷小的商会呈现差异极大的现象。本节将专门讨论这个课题——无穷小量的比较。这不仅在今后的学习中会再涉及,而且有时会为极限计算提供捷径。

定义 8 设 $\alpha(x)$,$\beta(x)$都是在自变量的同一趋势下的无穷小,则

(1)如果 $\lim\frac{\beta(x)}{\alpha(x)}=0$,则称 $\beta(x)$是比 $\alpha(x)$高阶的无穷小,记作 $\beta(x)=o(\alpha(x))$。

(2)如果 $\lim\frac{\beta(x)}{\alpha(x)}=\infty$,则称 $\beta(x)$是比 $\alpha(x)$低阶的无穷小。

(3)如果 $\lim\frac{\beta(x)}{\alpha(x)}=c\neq 0$,则称 $\beta(x)$与 $\alpha(x)$是同阶无穷小,特别当 $c=1$ 时,则称 $\beta(x)$与 $\alpha(x)$是等价无穷小,记作 $\beta\sim\alpha$。

例如,当 $n\to\infty$时,$\frac{1}{n^2}$是比$\frac{1}{n}$高阶的无穷小,即$\frac{1}{n^2}=o\left(\frac{1}{n}\right)$;$\frac{1}{n^2}$与$-\frac{1}{n^2+1}$是同阶无穷小;$\frac{1}{n^2}$与$\frac{1}{n^2+1}$互为等价无穷小。

当 $x\to 2$ 时,$\lim\limits_{x\to 2}\frac{x-2}{x^2-4}=\frac{1}{4}$,所以此时$(x-2)$与$(x^2-4)$是同阶无穷小。

当 $x\to 0$ 时,因为$\lim\limits_{x\to 0}\frac{\sin x}{x}=1$,$\lim\limits_{x\to 0}\frac{\tan x}{x}=1$,$\lim\limits_{x\to 0}\frac{\ln(1+x)}{x}=1$,$\lim\limits_{x\to 0}\frac{e^x-1}{x}=1$,所以此时 $\sin x$,$\tan x$,x,e^x-1,$\ln(x+1)$都互为等价无穷小。

关于等价无穷小,有下面一个性质:如果 $\alpha(x)\sim\alpha'(x)$,$\beta(x)\sim\beta'(x)$,且 $\lim\dfrac{\beta(x)}{\alpha(x)}$ 存在,则 $\lim\dfrac{\beta'(x)}{\alpha'(x)}=\lim\dfrac{\beta(x)}{\alpha(x)}$ 。

这个性质表明,两个无穷小之比的极限,可以用它们的等价无穷小来代替,把这一求极限的方法称为"等价代换"。

【例 26】 求$\lim\limits_{x\to0}\dfrac{\sin6x}{\tan3x}$的值。

解:当 $x\to0$ 时,$\sin6x\sim6x$,$\tan3x\sim3x$,所以

$$\lim_{x\to0}\frac{\sin6x}{\tan3x}=\lim_{x\to0}\frac{6x}{3x}=2$$

【例 27】 求$\lim\limits_{x\to0}\dfrac{x^2+2x}{\tan x}$的值。

解:当 $x\to0$ 时,(x^2+2x)与它本身等价,而 $\tan x\sim x$,所以

$$\lim_{x\to0}\frac{x^2+2x}{\tan x}=\lim_{x\to0}\frac{x^2+2x}{x}=2$$

议一议 讲一讲

问题:比较同阶无穷小与等价无穷小的关系。

习 题 四

1. 当 x 趋向何值时,下列各题中的函数为无穷大。

(1) $y=\dfrac{1}{x^3}$　　(2) $y=\dfrac{1}{x^2-1}$

(3) $y=e^x$　　(4) $y=\dfrac{x+1}{x^3-1}$

2. 当 x 趋向何值时,下列各题中的函数为无穷小。

(1) $y=\dfrac{x-1}{x^2+1}$　　(2) $y=e^x$

(3) $y=\ln(x-2)$　　(4) $y=\dfrac{x+1}{x^3-1}$

3. 设 $x\to0$ 时,$1-\cos^2x$ 与 $a\sin^2\dfrac{x}{2}$为等价无穷小,求 a 的值。

4. 设 $x\to0$ 时,ax^b 与$(\tan x-\sin x)$为等价无穷小,求 a 与 b 的值。

5. 当 $x\to1$ 时,无穷小 $1-x$ 分别和 $1-x^3$,或$\dfrac{1}{2}(1-x^2)$是否同阶?是否等价?

6. 当 $x\to0$ 时,$2x-x^2$ 与 x^2+x^3 相比,哪一个是高阶无穷小?

7.求下列极限：

(1)$\lim\limits_{x\to 0}\frac{\tan mx}{\sin nx}(n\neq 0)$　　(2)$\lim\limits_{x\to 0}\frac{\sin x^n}{(\sin x)^m}$

(3)$\lim\limits_{x\to 0}\frac{\ln(1+2x)}{\sin 2x}$　　(4)$\lim\limits_{x\to 0}\frac{1-\cos 2x}{3x^5+2x^2}$

(5)$\lim\limits_{x\to\infty}\frac{\cos x}{x}$　　(6)$\lim\limits_{x\to\infty}\frac{x^2-1}{x^3+x+1}$

(7)$\lim\limits_{x\to\infty}\frac{x^2+1}{4x^2-x+2}$　　(8)$\lim\limits_{x\to\infty}\frac{x^3+x+1}{x^2+2x+4}$

§2.5　函数的连续性

连续性是函数的重要形态之一，它反映了许多自然现象连续变化的共同特点，如气温随时间的连续变化，树木随时间连续生长等。同时，与连续相对应的概念是间断。

一、连续函数的概念

定义 9　如果函数 $y=f(x)$在点 x_0 满足下列条件：

(1)$f(x)$在点 x_0 的某领域内有定义(含 x_0 点)；

(2)$\lim\limits_{x\to x_0}f(x)$存在；

(3)$\lim\limits_{x\to x_0}f(x)=f(x_0)$。

则称函数 $y=f(x)$在点 x_0 处连续，否则称函数 $y=f(x)$在点 x_0 处间断。

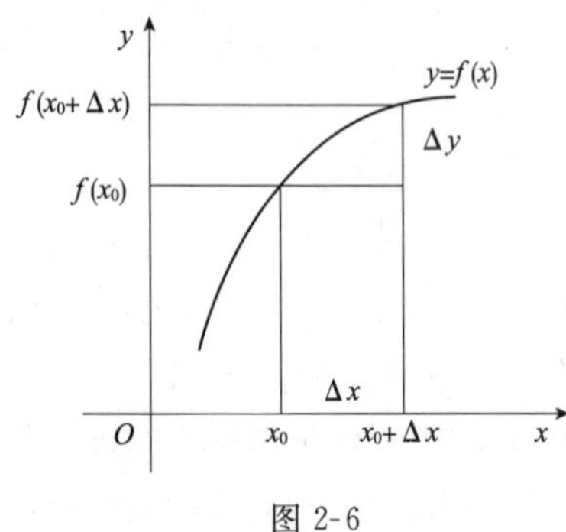

图 2-6

如图 2-6 所示，设 x_0 是一个定点，当自变量从 x_0 变化到 x 时，记 $\Delta x=x-x_0$，且称之为自变量 x 的改变量或增量；记 $\Delta y=f(x)-f(x_0)$或 $\Delta y=f(x_0+\Delta x)-f(x_0)$，且称之为函数 $y=f(x)$在 x_0 处的增量。

定义 10　设函数 $y=f(x)$在点 x_0 某邻域内有定义，如果$\lim\limits_{x\to x_0}\left[f(x)-f(x_0)\right]=0$或$\lim\limits_{\Delta x\to 0}\left[f(x_0+\Delta x)-f(x_0)\right]=0$，即$\lim\limits_{\Delta x\to 0}\Delta y=0$，则称函数 $f(x)$在 x_0 处连续。

定义 11　(1)如果 $\lim\limits_{x\to x_0^-}f(x)=f(x_0)$，则称 $f(x)$在点 x_0 左连续；

(2)如果，$\lim\limits_{x\to x_0^+}f(x)=f(x_0)$，则称 $f(x)$在点 x_0 右连续。

显然，$f(x)$在点 x_0 连续的充分必要条件是其在点 x_0 既左连续，又右连续。

【例 28】　考察下列函数在指定点处的连续性。

(1)$f(x)=\frac{x^2-1}{x-1}$　在点 $x=1$ 处；

(2)$f(x)=\begin{cases}x^2+1, & x\leqslant 0\\ 2^x, & x>0\end{cases}$　在点 $x=0$ 处；

(3) $f(x)=\begin{cases} x-1, & x<0 \\ 0, & x=0 \\ x+1, & x>0 \end{cases}$ 在点 $x=0$ 处；

(4) $f(x)=\begin{cases} x+1 & x\neq 0 \\ 0, & x=0 \end{cases}$ 在点 $x=0$ 处；

(5) $f(x)=\begin{cases} x\sin\dfrac{1}{x}, & x\neq 0 \\ 0, & x=0 \end{cases}$ 在点 $x=0$ 处。

解：(1)由于函数 $y=\dfrac{x^2-1}{x-1}$在 $x=1$ 处没有定义，函数在点 $x=1$ 处间断。

(2)由于 $\lim\limits_{x\to 0^-}f(x)=\lim\limits_{x\to 0^-}(x^2+1)=1$，$\lim\limits_{x\to 0^+}f(x)=\lim\limits_{x\to 0^+}2^x=1$，且 $f(0)=1$，$f(0-0)=f(0+0)=f(0)=1$，故函数 $f(x)$在 $x=0$ 处连续。

(3)由图 2-7 可以看出，$f(x)$在 $x=0$ 处有定义，但是 $\lim\limits_{x\to 0^-}f(x)=\lim\limits_{x\to 0^-}(x-1)=-1$，$\lim\limits_{x\to 0^+}f(x)=\lim\limits_{x\to 0^+}(x+1)=1$，由于 $f(0-0)\neq f(0+0)$，因此$\lim\limits_{x\to 0}f(x)$不存在，所以函数在 $x=0$ 处间断。

(4)由图 2-8 可以看出，$f(x)$在 $x=0$ 处有定义，且$\lim\limits_{x\to 0}f(x)=1$，但$\lim\limits_{x\to 0}f(x)\neq f(0)$，所以该函数在 $x=0$ 处间断。

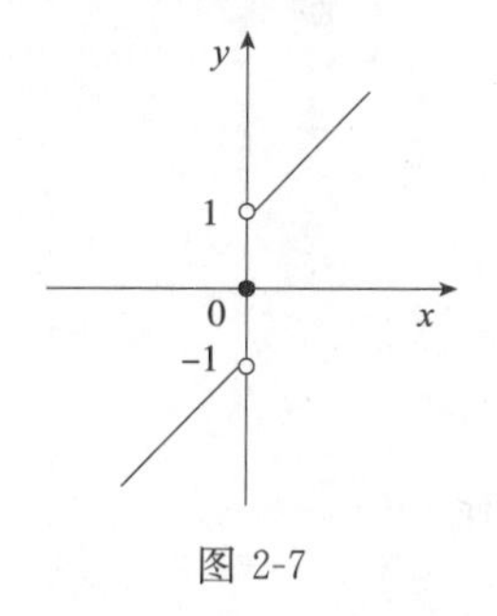

图 2-7

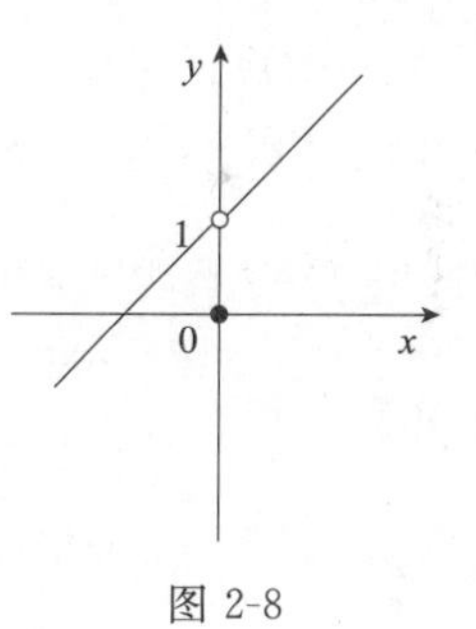

图 2-8

(5) $f(x)$在点 $x=0$ 处有定义，且 $\lim\limits_{x\to 0}x\sin\dfrac{1}{x}=0=f(0)$，所以函数 $f(x)$在 $x=0$ 处连续。

【例 29】 设函数

$$f(x)=\begin{cases} \dfrac{\sin ax}{x}, & x>0 \\ 2, & x=0 \\ \dfrac{\ln(1-3x)}{bx}, & x<0 \end{cases}$$

在点 $x=0$ 处连续，求 a、b 的值。

解：由于 $f(x)$在 $x=0$ 处有定义，且 $f(0)=2$，要使 $f(x)$在 $x=0$ 处连续，应有

$$\begin{cases}\lim\limits_{x\to0^-}f(x)=\lim\limits_{x\to0^+}f(x)=2\\ \lim\limits_{x\to0^+}f(x)=\lim\limits_{x\to0^-}\dfrac{\sin ax}{x}=a\\ \lim\limits_{x\to0^-}f(x)=\lim\limits_{x\to0^+}\dfrac{\ln(1-3x)}{bx}=-\dfrac{3}{b}\end{cases}$$

令 $a=2=-\dfrac{3}{b}$，得 $a=2,b=-\dfrac{3}{2}$。

二、函数的间断点及其分类

定义 12　设函数 $y=f(x)$ 在 x_0 的一个领域内有定义（在 x_0 处可以没有定义），如果函数 $f(x)$ 在点 x_0 处不连续，则称 x_0 是函数 $y=f(x)$ 的间断点，也称函数在该点间断。

根据函数的连续性定义可知，若函数 $f(x)$ 在点 x_0 处呈下述三种情形之一：

(1) $f(x)$ 在点 x_0 处没有定义；

(2) $f(x)$ 在点 x_0 处有定义，且 $\lim\limits_{x\to x_0}f(x)$ 不存在；

(3) $f(x)$ 在点 x_0 处有定义，且 $\lim\limits_{x\to x_0}f(x)$ 存在。但 $\lim\limits_{x\to x_0}f(x)\neq f(x_0)$。

则称点 x_0 是函数 $f(x)$ 的间断点，间断点可以分为以下几种类型。

1. 第一类间断点

若 x_0 为函数 $y=f(x)$ 的间断点，且 $\lim\limits_{x\to x_0^-}f(x)$ 和 $\lim\limits_{x\to x_0^+}f(x)$ 都存在，即左、右极限都存在的间断点为第一类间断点。

第一类间断点又可以细分为以下两种情况：

(1) $\lim\limits_{x\to x_0^-}f(x)=\lim\limits_{x\to x_0^+}f(x)$ 时，x_0 称为可去间断点；

(2) $\lim\limits_{x\to x_0^-}f(x)\neq\lim\limits_{x\to x_0^+}f(x)$ 时，x_0 称为跳跃间断点。

【例 30】　讨论 $x=0$ 是 $f(x)=\dfrac{\sin x}{x}$ 的何类间断点？

解：$f(x)=\dfrac{\sin x}{x}$ 在点 $x=0$ 处无定义，故 $x=0$ 是 $f(x)$ 的间断点。

又因为 $\lim\limits_{x\to0^-}f(x)=\lim\limits_{x\to0^+}f(x)=1$，所以 $x=0$ 是函数 $f(x)=\dfrac{\sin x}{x}$ 的可去间断点。

【例 31】　讨论 $x=0$ 是 $f(x)=\dfrac{|x|}{x}$ 的何类间断点？

解：$f(x)=\dfrac{|x|}{x}$ 在点 $x=0$ 处无定义，故 $x=0$ 是 $f(x)$ 的间断点。

又因为 $\lim\limits_{x\to0^-}f(x)=\lim\limits_{x\to0^-}\dfrac{|x|}{x}=-1$，$\lim\limits_{x\to0^+}f(x)=\lim\limits_{x\to0^+}\dfrac{|x|}{x}=1$，$f(0-0)\neq f(0+0)$，故 $x=0$ 是函数 $f(x)=\dfrac{|x|}{x}$ 的第一类间断点且是跳跃间断点。

2. 第二类间断点

若 x_0 为函数 $y=f(x)$ 的间断点，且在该点处至少有一个单侧极限不存在，则称 x_0 为

$f(x)$的第二类间断点。

例如,函数 $f(x)=\frac{1}{x}$ 在 $x=0$ 处无定义,故 $x=0$ 是该函数的间断点,又因为 $\lim\limits_{x\to 0^-}\frac{1}{x}=-\infty$,$\lim\limits_{x\to 0^+}\frac{1}{x}=+\infty$,即该函数在 $x=0$ 处的左、右极限都不存在,所以 $x=0$ 时该函数的第二类间断点。

【例 32】 讨论 $x=1$ 是函数 $f(x)=e^{\frac{1}{x-1}}$ 的何类间断点。

解:函数 $f(x)=e^{\frac{1}{x-1}}$ 在 $x=1$ 处无定义,故 $x=1$ 是函数的间断点。

又因为 $\lim\limits_{x\to 1^+}f(x)=\lim\limits_{x\to 1^+}e^{\frac{1}{x-1}}=+\infty$,$\lim\limits_{x\to 1^-}f(x)=\lim\limits_{x\to 1^-}e^{\frac{1}{x-1}}=0$,故 $x=1$ 是函数的第二类间断点。

【例 33】 正切函数 $y=\tan x$ 在点 $x=k\pi+\frac{\pi}{2}(k=0,\pm1,\cdots)$ 处无定义,所以点 $x=k\pi+\frac{\pi}{2}(k=0,\pm1,\cdots)$ 是函数 $\tan x$ 的间断点,如图 2-9 所示。

【例 34】 函数 $y=\sin\frac{1}{x}$ 在点 $x=0$ 处无定义,所以 $x=0$ 是该函数的间断点,如图 2-10 所示。

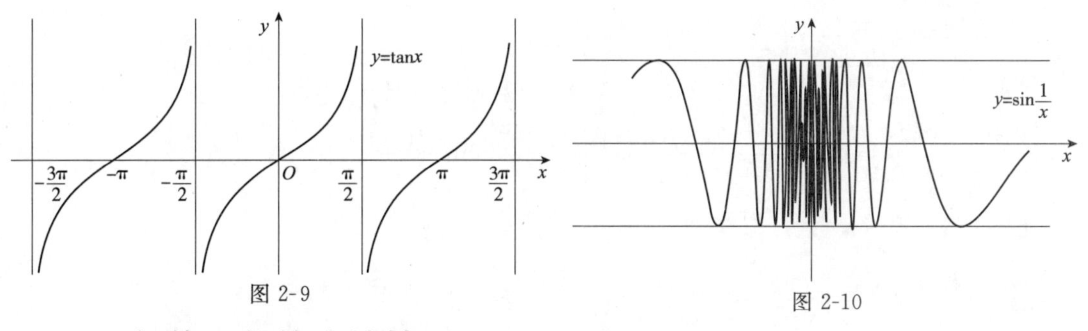

图 2-9

图 2-10

三、初等函数的连续性

定理 5 如果两个函数 $f(x)$ 与 $g(x)$ 都在点 x_0 处连续,则 $f(x)+g(x)$,$f(x)-g(x)$,$f(x)g(x)$ 在该点处都连续。若 $g(x)\neq0$ 则 $\frac{f(x)}{g(x)}$ 在 x_0 处也连续。

证明:在此仅证 $f(x)g(x)$ 的情形。

因为 $f(x)$、$g(x)$ 在 x_0 处连续,所以有

$$\lim_{x\to x_0}f(x)=f(x_0),\lim_{x\to x_0}g(x)=g(x_0)$$

故由极限的运算法则,可得

$$\lim_{x\to x_0}[f(x)g(x)]=\lim_{x\to x_0}f(x)\lim_{x\to x_0}g(x)=f(x_0)g(x_0)$$

因此 $f(x)g(x)$ 在 x_0 处连续。

其他情况,可类似地加以证明。

关于复合函数的连续性,有如下定理:

定理 6 设 $y=f(u)$ 在 u_0 处连续,函数 $u=\varphi(x)$ 在 x_0 处连续,且 $u_0=\varphi(x_0)$,则复合函

数 $f=[\varphi(x)]$在 x_0 处连续。

例如 $y=u^2$,$u=\sin x$,均为连续函数,则复合函数 $y=\sin^2 x$ 在 $x=\frac{\pi}{4}$处连续,则

$$\lim_{x\to\frac{\pi}{4}}\sin^2 x=\left(\sin\frac{\pi}{4}\right)^2=\frac{1}{2}$$

关于基本初等函数,初等函数有如下定理:

定理 7 基本初等函数在其定义域内连续,初等函数在其定义区间内连续。

上述定理也为函数求极限提供了一类有效的方法。如果 $f(x)$是初等函数,且 x_0 是函数 $f(x)$定义区间内的点,则$\lim\limits_{x\to x_0}f(x)=f(x_0)$。

【例 35】 求$\lim\limits_{x\to a}\arcsin(\log_a x)(a>0,a\neq1)$的值。

解:因为 $\arcsin(\log_a x)$是初等函数,且 $x=a$ 为其定义区间的一点,所以有$\lim\limits_{x\to a}\arcsin(\log_a x)=\arcsin(\log_a a)=\arcsin 1=\frac{\pi}{2}$。

【例 36】 求$\lim\limits_{x\to4}\frac{\sqrt{2x+1}-3}{\sqrt{x}-2}$的值。

解:这是一个"$\frac{0}{0}$"型的极限,其具体计算过程如下所述:

$$\lim_{x\to4}\frac{\sqrt{2x+1}-3}{\sqrt{x}-2}=\lim_{x\to4}\frac{(\sqrt{2x+1}-3)(\sqrt{2x+1}+3)(\sqrt{x}+2)}{(\sqrt{x}-2)(\sqrt{x}+2)(\sqrt{2x+1}+3)}$$

$$=\lim_{x\to4}\frac{(2x-8)(\sqrt{x}+2)}{(x-4)(\sqrt{2x+1}+3)}=\lim_{x\to4}\frac{2(\sqrt{x}+2)}{\sqrt{2x+1}+3}=\frac{4}{3}$$

【例 37】 求$\lim\limits_{x\to+\infty}(\sqrt{x^2+x}-2x)$的值。

解: $$\lim_{x\to+\infty}(\sqrt{x^2+2}-2x)=\lim_{x\to\infty}\frac{(\sqrt{x^2+x}-2x)(\sqrt{x^2+x}+2x)}{\sqrt{x^2+x}+2x}$$

$$=\lim_{x\to+\infty}\frac{x^2+x-4x^2}{\sqrt{x^2+x}+2x}=\lim_{x\to+\infty}\frac{-3+\frac{1}{x}}{\frac{2}{x}+\sqrt{\frac{1}{x^4}+\frac{1}{x^3}}}=-\infty$$

四、闭区间上连续函数的性质

定义 13 设函数 $f(x)$在区间 I 上有定义,若存在 $x_1\in I$,使得对于任意 $x\in I$ 都有 $f(x_1)\geqslant f(x)$,则称 $f(x_1)$为 $f(x)$在区间 I 上的最大值。若存在一点 $x_2\in I$,使得对于任意 $x\in I$ 都有 $f(x_2)\leqslant f(x)$,则称 $f(x_2)$为 $f(x)$在区间 I 上的最小值。

例如,$y=\sin x$ 在区间$(-\infty,+\infty)$内的最大值为 1,最小值为-1。

闭区间上连续函数的图像是一条连续不断开的曲线。

在闭区间上连续的函数具有一些重要的特性,下面将不加证明直接予以介绍。

定理 8 (最值定理)在闭区间$[a,b]$上的连续函数一定有最大值和最小值。

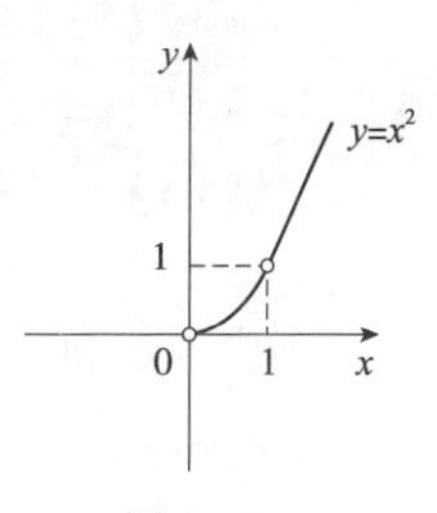

图 2-11

注意:若定理 8 的条件不满足,则其他结论也可能不成立。例如函数 $y=x^2$ 在区间(0,1)内连续,但在开区间(0,1)内既无最大值也无最小值,如图 2-11 所示。

推论 若函数 $f(x)$在闭区间上连续,则它在该区间上有界。

定理 9 (介值定理)若函数 $f(x)$在闭区间$[a,b]$上连续,则它在$[a,b]$内能取得介于最大值和最小值之间的任何数。

定理 10 (零点定理)设函数 $f(x)$在闭区间$[a,b]$上连续,且 $f(a)$与 $f(b)$异号,则在开区间(a,b)内至少存在一点 ξ,使得 $f(\xi)=0$。

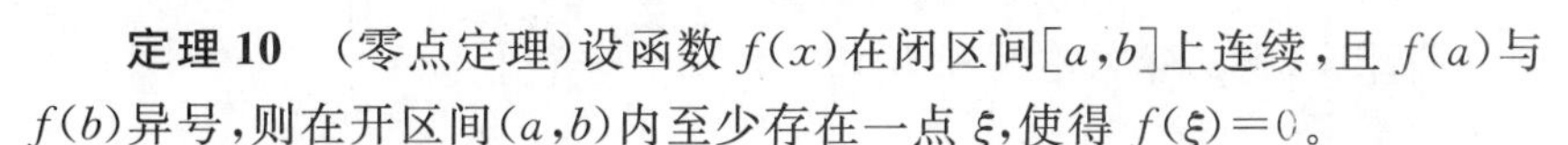

定理 10 说明,若闭区间$[a,b]$上的连续曲线在端点处的函数值异号,则该连续曲线与 x 至少有一个交点。因此,定理 10 可以用来求方程 $f(x)=0$ 的根的近似值或根的范围。其也可以称作根的存在性定理。

【例 38】 证明方程 $x^5-3x=1$ 在区间(1,2)内至少有一个根。

证明:令 $f(x)=x^5-3x-1, x\in[1,2]$,则 $f(x)$在闭区间$[1,2]$上连续,又 $f(1)=1-3-1=-3<0, f(2)=2^5-6-1=25>0$,$f(1)$与 $f(2)$异号,由零点定理可知在(1,2)内至少存在一点 ξ,使得 $f(\xi)=0, \xi\in(1,2)$,亦即方程 $x^5-3x=1$ 在(1,2)内至少有一个根 ξ。

议一议 讲一讲

设某城市出租车白天的收费 $y=f(x)$(单位:元)与路程 x(单位:km)之间的关系为:

$$f(x)=\begin{cases}5+1.2x, & 0<x\leqslant 7\\ 13.4+2.1(x-7), & x>7\end{cases}$$

(1)求 $\lim\limits_{x\to 7}f(x)$;(2)函数 $y=f(x)$在 $x=7$ 处连续吗? 在 $x=1$ 处呢?

五、实践应用

【例 39】 一款汽车出厂价 45000 元,使用后它的价值按年降价率$\frac{1}{3}$的标准贬值,试求此车的价值 y(元)与使用时间 t(年)的函数关系。

解:使用一年的汽车的价值:$y=45000\left(1-\frac{1}{3}\right)$;使用两年的汽车的价值:$y=45000\left(1-\frac{1}{3}\right)\left(1-\frac{1}{3}\right)=45000\left(1-\frac{1}{3}\right)^2$,故使用 t 年的汽车的价值:$y=45000\left(1-\frac{1}{3}\right)^t$。

【例 40】 已知某厂生产 x 个汽车轮胎的总成本为 $C(x)=300x+\sqrt{1+x^2}$元,生产 x 个汽车轮胎的平均成本为$\frac{C(x)}{x}$元,当产量很大时,每个轮胎的成本大致为 $\lim\limits_{x\to+\infty}\frac{C(x)}{x}$,试求这个极限。

解 $\lim\limits_{x\to+\infty}\frac{C(x)}{x}=\lim\limits_{x\to+\infty}\frac{300x+\sqrt{1+x^2}}{x}$

$$= \lim_{x \to +\infty} \left(300 + \sqrt{\frac{1}{x^2} + 1}\right) = 300 + 1 = 301 \text{ 元}$$

【例 41】 设有本金 1000 元，若用连续复利计算，年利率为 8%，问 5 年末可得本利和为多少？

解：设复利一年计算一次，则一年末本利和为 $1000 \times (1+0.08)^1$，所以 x 年末本利和为$1000 \times (1+0.08)^x$。

若复利三个月为一期计算，则 x 年末本利和为 $1000 \times \left(1+\frac{0.08}{4}\right)^{4x}$。

同理，若复利一年计算 n 次，则 x 年末的本利和为 $1000 \times \left(1+\frac{0.08}{n}\right)^{nx}$。

现设想 n 无限增大，以致复利接连不断地计算，则当 $n \to \infty$ 时，称之为连续复利，其极限为$\lim\limits_{n \to \infty}\left(1+\frac{0.08}{n}\right)^{nx} = e^{0.08x}$。

因此连续复利计算 x 年末本利和为 $1000e^{0.08x}$。令 $x=5$，得 5 年末本利和为 $1000e^{0.08 \times 5} = 1000e^{0.4} = 1492$ 元。

习 题 五

1. 证明 $y=x^2$ 在$(-\infty, +\infty)$内连续。

2. 讨论函数 $f(x)=\frac{x^2+1}{x-2}$在点 $x=2$ 处的连续性。

3. 设函数 $f(x)=\begin{cases} \frac{x^2-1}{x-1}, & x \neq 1 \\ 3, & x=1 \end{cases}$

讨论函数在点 $x=1$ 处的连续性。

4. 设函数 $f(x)=\begin{cases} \frac{\sin 3x}{x}, & x<0 \\ k, & x=0 \\ x\sin\frac{1}{x}+3, & x>0 \end{cases}$

问怎样选择 k，能使函数在点 $x=0$ 处的连续性？

5. 求下列函数的间断点，并指出其类型。

(1) $f(x)=\frac{\cos x}{x}$

(2) $f(x)=\frac{2^{\frac{1}{x}}-1}{2^{\frac{1}{x}}+1}$

(3) $f(x)=\frac{x^2-1}{x^2+x-2}$

(4) $f(x)=\sin\frac{1}{x}$

6. 求下列极限的值：

(1) $\lim\limits_{x \to \frac{\pi}{2}} \ln\sin x$

(2) $\lim\limits_{x \to 0}\frac{\sqrt{x+1}-1}{\sqrt{x+4}-2}$

(3) $\lim\limits_{x \to 0}\sqrt{x^2-3x+6}$

(4) $\lim\limits_{x \to 1} \arccos\frac{\sqrt{3x+\lg x}}{2}$

(5)$\lim\limits_{x\to 0}\frac{\ln(1+x)}{x}$　　(6)$\lim\limits_{x\to+\infty}(\sqrt{x^2+x}-\sqrt{x^2+1})$

7. 证明方程 $x^3+2x=6$ 至少有一个根介于 1 和 3 之间。

8. 设 $f(x)$ 与 $g(x)$ 皆为闭区间 $[a,b]$ 上的连续函数，而且 $f(a)<g(a)$，$f(b)>g(b)$。求证：在 $(a、b)$ 内至少存在一点 ξ，使得 $f(\xi)=g(\xi)$。

复　习　题

1. 求下列极限的值：

(1)$\lim\limits_{n\to\infty}\frac{2+4+6+\cdots+2n}{(2n-1)(2n-3)}$　　(2)$\lim\limits_{n\to\infty}\frac{(2n-3)^{40}(3n+2)^{10}}{(5n+1)^{50}}$

(3)$\lim\limits_{n\to\infty}\left[\frac{1}{1\times 2}+\frac{1}{2\times 3}+\cdots\frac{1}{n(n+1)}\right]$　　(4)$\lim\limits_{x\to+\infty}x[\ln(1+x)-\ln x]$

(5)$\lim\limits_{x\to 1}\frac{x^2-2x+1}{x^3-x}$　　(6)$\lim\limits_{x\to+\infty}\frac{(\sqrt{x^2+1}+x)^2}{\sqrt[3]{x^6+1}}$

(7)$\lim\limits_{x\to 0}\left(\frac{2+2x}{2+x}\right)^{\frac{1}{x}}$　　(8)$\lim\limits_{x\to\infty}\left(\frac{x+2}{x+5}\right)^{x}$

(9)$\lim\limits_{x\to 0}\frac{\sin 4x+x^2}{\tan 2x}$　　(10)$\lim\limits_{x\to\pi}\frac{\sin x}{\pi-x}$

2. 求下列函数的间断点并指出其类型：

(1)$y=x\cos\frac{1}{x}$　　(2)$y=\begin{cases}\frac{\sin x}{|x|}, & x\neq 0\\ 1, & x=0\end{cases}$

(3)$y=\frac{1}{1-e^{\frac{x}{1-x}}}$　　(4)$y=\frac{\tan x}{x}$

3. 设 $f(x)=\begin{cases}\frac{\sin x}{x}, & x<0\\ a-1, & x=0\\ x\cos\frac{1}{x}+b, & x>0\end{cases}$

问 a 为何值时，$f(x)$ 在 $x=0$ 处左连续？b 为何值时，$f(x)$ 在 $x=0$ 点处连续？

4. 设火车从甲站出发以 30km/h 的匀加速运动前进，经 2h 以后匀速前进，再经 7h 后以 30km/h 匀减速到达乙站，试将火车这段时间内的速度及所走的路程表示为时间的函数。

【阅读材料】

我国古代数学家刘徽

魏晋时期山东人，出生在公元3世纪20年代后期。据《隋书·律历志》称："魏陈留王景元四年(263)刘徽注《九章》"。他在长期精心研究《九章算术》的基础上，采用高理论，精计算，潜心为《九章》撰写注解文字。他的注解内容详细、丰富，并纠正了原书流传下来的一些错误，更有大量新颖见解，创造了许多数学原理并严加证明，然后应用于各种算法之中，成为中国传统数学理论体系的奠基者之一。如他说："徽幼习《九章》，长再详览。观阴阳之割裂，总算术之根源，探赜之暇，遂悟其意。是以敢竭顽鲁，采其所见，为之作注"。又说："析理以辞，解体用图。庶亦约而能周，通而不黩，览之者思过半矣。"他除为《九章》作注外，还撰写过《重差》一卷，唐代改称为《海岛算经》。他的主要贡献在于创造了割圆术，运用极限观念计算圆面积和圆周率；创造十进分数、小单位数及求微数思想；定义许多重要数学概念，强调"率"的作用；运用直角三角形性质建立并推广重差术，形成特有的准确测量方法；提出"刘徽原理"，形成直线型立体体积算法的理论体系，在例证方面，他采用模型、图形、例题来论证或推广有关算法，加强说服力和应用性，形成中国传统数学风格；他采用严肃、认真、客观的精神，差别粗糙、错误的论述，创造精细、有逻辑的观点，以理服人，为后世学人树立良好的学风；在等差、等比级数方面也有一些涉及和创意。经他注释的《九章算术》影响、支配中国古代数学的发展1000余年，是东方数学的典范之一，与希腊欧几里得(约公元前330～275)的《原本》所代表的古代西方数学交相辉映。

刘徽从事数学研究时，中国创造的十进位记数法和计算工具"算筹"已经使用1000多年了。在世界各种各样的记数法中，十进位记数法是最先进、最方便的。中国古代数学知识的结晶"九章算术"也成书300多年了。"九章算术"反映的是中国先民在生产劳动、丈量土地和测量容积等实践活动中所创造的数学知识，包括方田、粟米、衰分、少广、商功、均输、盈不足、方程、勾股九章，是中国古代算法的基础，它含有上百个计算公式和246个应用问题，有完整的分数四则运算法则，比例和比例分配算法，若干面积、体积公式，开平方、开立方程序，方程术——线性方程组解法，正负数加减法则，解勾股形公式和简单的测望问题算法。其中许多成就处于世界领先地位。公元元年前年，盛极一时的古希腊数学走向衰微，"九章算术"的出现，标志着世界数学研究中心从地中海沿岸转到了中国，开创了东方以应用数学为中心占据世界数学舞台主导地位千余年的局面。在编排上，"九章算术"或者先提出术文(命题)，后列出几个例题，或者先列出一个或几个例题，后提出术文。然而它对所用的概念没有定义，对所有的术文没作任何推导证明，个别的公式尚有不精确或失误之处。东汉以后的许多学者都研究过"九章算术"，但理论建树不大。刘徽著作的"九章算术注"，主要是给"九章算术”的术文作解释和逻辑证明，更正其中的个别错误公式，使后人在知其然的同时又知其所以然。有了刘徽的注释，“九章算术”才得以成为一部完美的古代数学教科书。

在“九章算术注”中，刘徽发展了中国古代“率”的思想和“出入相补”原理。用“率”统一证明“九章算术”的大部分算法和大多数题目，用“出入相补”原理证明了勾股定理以及一些求面积和求体积公式。为了证明圆面积公式和计算圆周率，刘徽创立了割圆术。在刘徽之前人们曾试图证明它，但是不严格。刘徽提出了基于极限思想的割圆术，严谨地证明了圆面积公式。他还用无穷小分割的思想证明了一些锥体体积公式。在计算圆周率时，刘徽应用割圆术，从圆内接正六边形出发，依次计算出圆内接正 12 边形、正 24 边形、正 48 边形，直到圆内接正 192 边形的面积，然后使用现在称之为的“外推法”，得到了圆周率的近似值 3.14，纠正了前人“周三径一”的说法。“外推法”是现代近似计算技术的一个重要方法，刘徽遥遥领先于西方发现了“外推法”。刘徽的割圆术是求圆周率的正确方法，它奠定了中国圆周率计算长期在世界上领先的基础。据说，祖冲之就是用刘徽的方法将圆周率的有效数字精确到 7 位。在割圆过程中，要反复用到勾股定理和开平方。为了开平方，刘徽提出了求“微数”的思想，这与现今无理根的十进小数近似值完全相同。求微数保证了计算圆周率的精确性。同时，刘徽的微数也开创了十进小数的先河。

刘徽治学态度严肃，为后世树立了楷模。在求圆面积公式时，在当时计算工具很简陋的情况下，他开方即达 12 位有效数字。他在注释“方程”章节 18 题时，共用 1500 余字，反复消元运算达 124 次，无一差错，答案正确无误，即使作为今天大学代数课答卷亦无逊色。刘徽注“九章算术”时年仅 30 岁左右。北宋大观三年(1109)刘徽被封为淄乡男。

“割之弥细，所失弥少，割之又割，以至于不可割，则与圆周合体而无所失矣”——刘徽

我们可通过作圆的内接正多边形，近似求出圆的面积。

设有一圆，首先作圆内接正六边形，把它的面积记为 A_1；再作圆的内接正十二边形，其面积记为 A_2；再作圆的内接正二十四边形，其面积记为 A_3；依次循环下去(一般把内接正 $6\times 2n-1$ 边形的面积记为 A_n)可得一系列内接正多边形的面积：$A_1, A_2, A_3, \cdots, A_n, \cdots$，它们就构成一列有序数列。我们可以发现，当内接正多边形的边数无限增加时，A_n 也无限接近某一确定的数值(圆的面积)，这个确定的数值在数学上被称为数列 $A_1, A_2, A_3, \cdots, A_n, \cdots$ 当 $n\to\infty$(读作 n 趋近于无穷大)的极限。如图 1～图 5 所示。

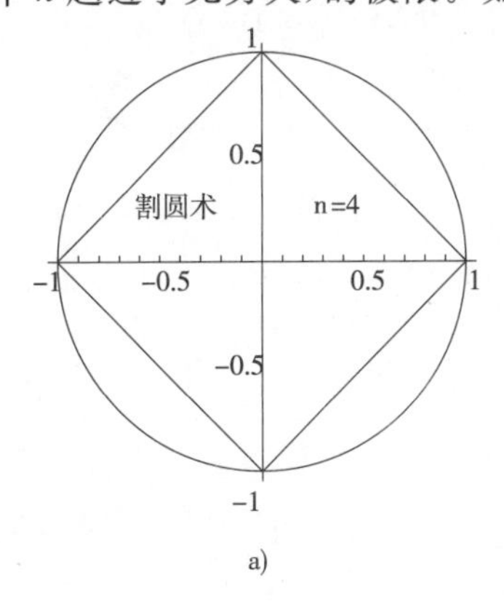

a)

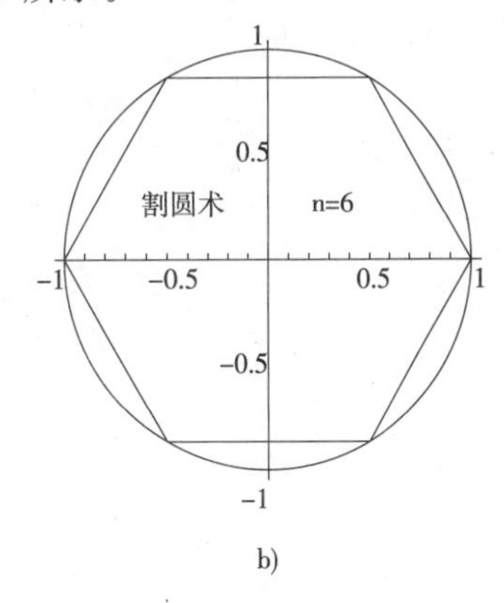

b)

图 1

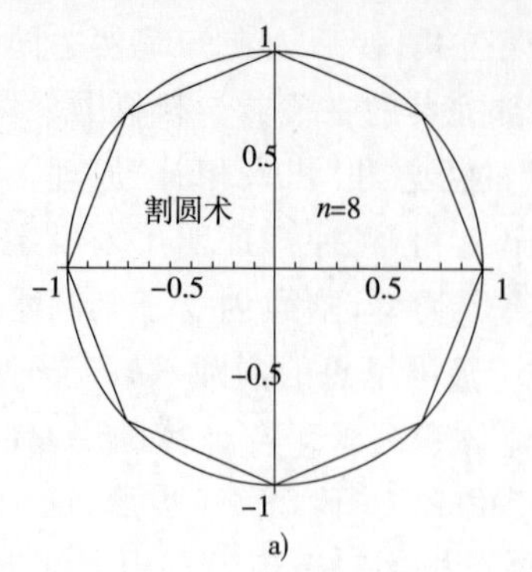

a)

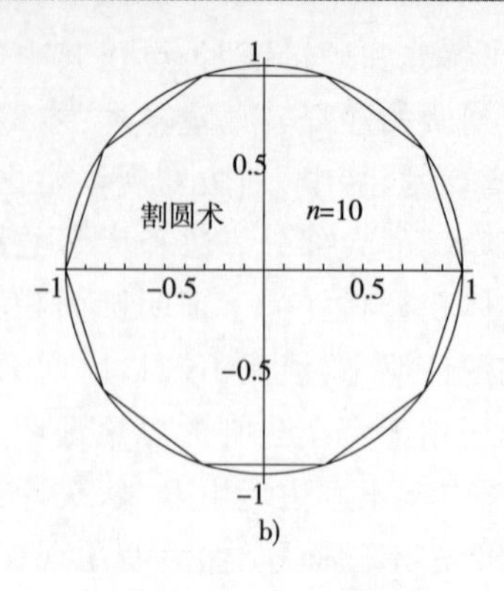

b)

图 2

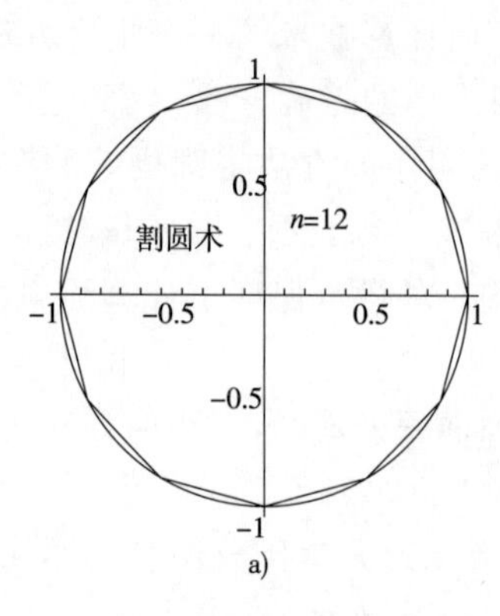

a)

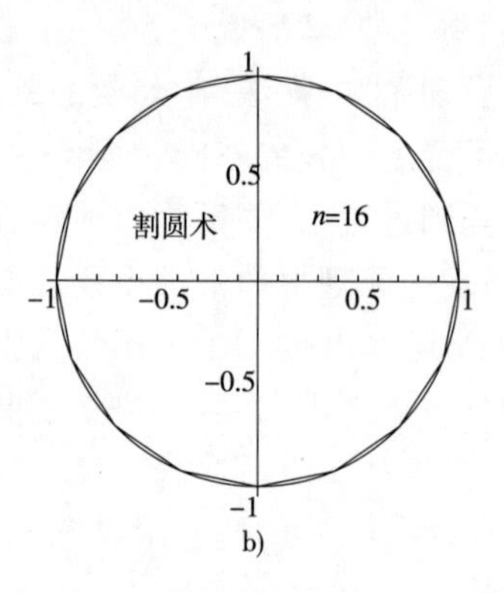

b)

图 3

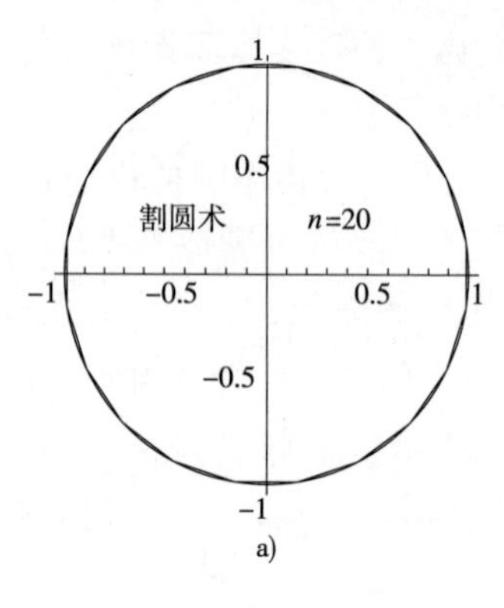

a)

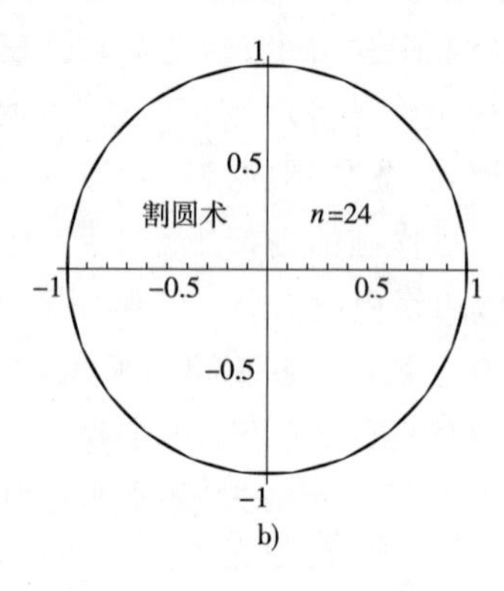

b)

图 4

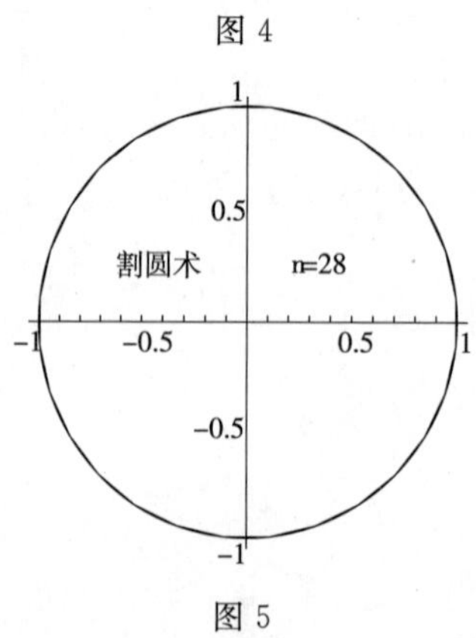

图 5

第3章 导数与微分

学习目标

1. 理解导数的概念；
2. 了解导数的几何意义、物理意义及可导与连续的关系；
3. 熟练掌握基本初等函数的求导公式；
4. 掌握导数的四则运算法则、复合函数的求导的链式法则；
5. 掌握隐函数及参数方程所确定的函数的求导法、对数求导法及高阶导数的求法；
6. 理解微分的概念，掌握微分的运算及应用。

§3.1 导数的概念

一、任务导入

1. 变速直线运动的瞬时速度

一辆汽车从南京出发，经过3h（沿沪蓉高速）的行驶到达上海，行程共计300km。显然，平均速度是100km/h，但我们并不能确定这辆汽车没有超速（沪蓉高速小车限速120km/h）。因为在行驶过程中，汽车的行驶的速度不可能始终保持不变，总会有快有慢，那么我们怎么才能知道这辆汽车在某一时刻的速度有没有超过120km/h呢？

我们将汽车当作一个质点来看，以 t 表示时间，s 表示质点从南京开始到时刻 t 为止所走过的路程，则 s 是时刻 t 的函数：$s=s(t)$。如图3-1所示。

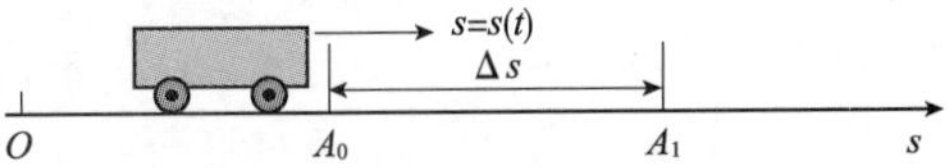

图 3-1

当时间 t 从时刻 t_0 变化到 $t_0+\Delta t$（即汽车从 A_0 行驶到 A_1），（其中 Δt 或大于0，或小于0）时，质点所走过的路程 $\Delta s=s(t_0+\Delta t)-s(t_0)$。若质点做匀速直线运动，则速度是一个常数，其表达式为

$$\frac{s(t_0+\Delta t)-s(t_0)}{\Delta t}=\frac{\Delta s}{\Delta t}$$

这就是质点在时刻 t_0 的瞬时速度 $v(t_0)$。

现质点作变速直线运动，在不同时刻，质点的运动速度可能不同，因此有

$$\frac{s(t_0+\Delta t)-s(t_0)}{\Delta t}=\frac{\Delta s}{\Delta t}$$

仅表示质点从时刻 t_0 变到 $t_0+\Delta t$ 这一段时间内的平均速度，可记作 $\overline{v}$，即

$$\overline{v}=\frac{s(t_0+\Delta t)-s(t_0)}{\Delta t}=\frac{\Delta s}{\Delta t}$$

当 $|\Delta t|$ 很小时，可以认为在这段时间内，质点 A_0 的运动速度来不及有多大的变化，因此可以把运动近似地看成匀速运动，这样平均速度 $\overline{v}=\frac{\Delta s}{\Delta t}$ 相当接近于质点在时刻 t_0 的瞬时速度 $v(t_0)$，从而成为的一个近似值。并且 $|\Delta t|$ 越小，平均速度 $\overline{v}$ 就越近似 $v(t_0)$。如果 $\Delta t\to 0$ 时，平均速度 $\overline{v}$ 的极限存在，则将该极限值定义为质点在时刻 t_0 的瞬时速度，即

$$v(t_0)=\lim_{\Delta t\to 0}\frac{\Delta s}{\Delta t}=\lim_{\Delta t\to 0}\frac{s(t_0+\Delta t)-s(t_0)}{\Delta t}$$

2. 曲线上某点处切线的斜率

在中学里切线定义为与曲线只有一个交点的直线，这种定义只适用于少数几种曲线，如圆、椭圆等，该定义不适合于高等数学中研究的曲线。因此，以下定义高等数学中研究曲线切线的定义。

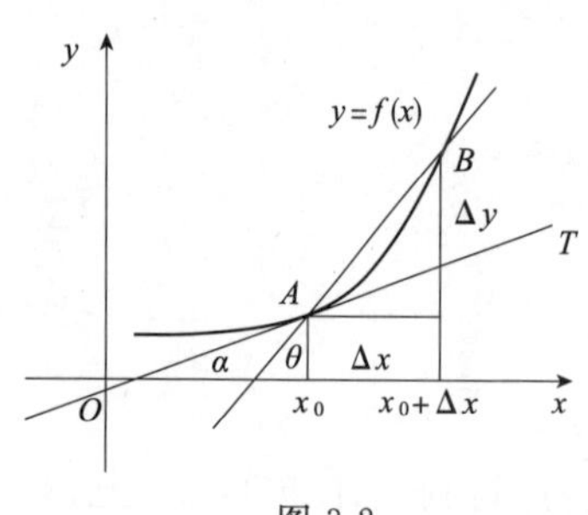

图 3-2

定义 1　设点 A 是曲线 L 上一个定点，点 B 是动点，作割线 AB，当点 B 沿曲线 L 无限接近与点 A 时，割线便绕着点 A 旋转，若割线 AB 有一个极限位置 AT 存在，则称直线 AT 为曲线 L 在点 A 处的切线。

设曲线的方程为 $y=f(x)$（图 3-2），在点 $A(x_0,y_0)$ 处的附近取一点 $B(x_0+\Delta x,y_0+\Delta y)$，那么割线 AB 的斜率为

$$k=\tan\theta=\frac{\Delta y}{\Delta x}=\frac{f(x_0+\Delta x)-f(x_0)}{\Delta x}$$

如果当点 B 沿曲线 L 无限趋向于点 A 时，割线 AB 的极限位置 AT 存在，即点 A 处的切线存在，此刻 $\Delta x\to 0$，$\theta\to\alpha$，割线斜率 $\tan\theta$ 趋向切线 AT 的斜率 $\tan\alpha$，即

$$k=\tan\alpha=\lim_{\Delta x\to 0}\frac{f(x_0+\Delta x)-f(x_0)}{\Delta x}$$

二、导数的定义

定义 2　设函数 $y=f(x)$ 在点 x_0 的某邻域内有定义，当自变量 x 在点 x_0 处有增量 Δx（$x_0+\Delta x$ 仍在该邻域内）时，函数有相应的增量 $\Delta y=f(x_0+\Delta x)-f(x_0)$。如果极限 $\lim\limits_{\Delta x\to 0}\frac{\Delta y}{\Delta x}$ 存在，则称函数 $y=f(x)$ 在点 x_0 处可导，并称这个极限值为函数 $y=f(x)$ 在点 x_0 处的导数，记作 $y'|_{x=x_0}$ 或 $f'(x_0)$，即

$$f'(x_0)=y'|_{x=x_0}=\lim_{\Delta x\to 0}\frac{f(x_0+\Delta x)-f(x_0)}{\Delta x} \tag{3-1}$$

或记作 $f'(x_0)$ 或 $y'|_{x=x_0}$ 或 $\frac{\mathrm{d}y}{\mathrm{d}x}|_{x=x_0}$ 或 $\frac{\mathrm{d}f(x)}{\mathrm{d}x}|_{x=x_0}$。

简单来说，导数就是函数增量比的极限。

如果函数 $f(x)$ 在点 x_0 处存在导数，就说函数 $f(x)$ 在点 x_0 处可导，否则，就说函数 $f(x)$ 在点 x_0 处不可导。

【例 1】 求函数 $y=f(x)=x^2-1$ 在点 $x_0=2$ 处的导数，即 $f'(2)$。

解：第一步求 Δy：

$$\Delta y=f(2+\Delta x)-f(2)=[(2+\Delta x)^2-1]-(2^2-1)=2\Delta x+(\Delta x)^2$$

第二步求 $\frac{\Delta y}{\Delta x}$：

$$\frac{\Delta y}{\Delta x}=\frac{4\Delta x+(\Delta x)^2}{\Delta x}=4+\Delta x$$

第三步求极限：

$$\lim_{\Delta x\to 0}\frac{\Delta y}{\Delta x}=\lim_{\Delta x\to 0}(4+\Delta x)=4$$

所以 $f'(2)=4$。

初学时，可按例 1 中的三步求导法，熟练掌握后三步可以合并成一步。

关于导数的定义的两点说明：

(1)对于在点 x_0 处连续的函数 $y=f(x)$，如果 $\lim\limits_{\Delta x\to 0}\frac{f(x_0+\Delta x)-f(x_0)}{\Delta x}=\infty$ ($+\infty$ 或 $-\infty$)，由导数定义可知函数 $y=f(x)$ 在点 x_0 处不可导，为了方便，也可称函数 $y=f(x)$ 在点处的导数为无穷大，可记作 $f'(x_0)=\infty$ (或 $f'(x_0)=+\infty$，或 $f'(x_0)=-\infty$)。

若无特别说明，“函数可导”均是指函数存在有限导数值。

(2)设函数 $y=f(x)$ 在开区间 (a,b) 内每一点都可导，则称 $f(x)$ 在开区间 (a,b) 内可导。

此时，对于每一个 $x\in(a,b)$，都对应着的一个确定的导数值，这样便构成了一个新的函数，称为函数 $y=f(x)$ 的导函数或导数，记作 y'，$f'(x)$，$\frac{dy}{dx}$ 或 $\frac{df(x)}{dx}$，即

$$f'(x)=\lim_{\Delta x\to 0}\frac{\Delta y}{\Delta x}=\lim_{\Delta x\to 0}\frac{f(x+\Delta x)-f(x)}{\Delta x} \tag{3-2}$$

显然 $f'(x_0)=f'(x)\big|_{x=x_0}$，即函数 $f(x)$ 在点 x_0 处的导数 $f'(x_0)$ 就是导函数 $f'(x)$ 在点 x_0 处函数值。

这样，如果求 $f'(x_0)$，有两种方法：一是按导数的定义；二是先求导函数 $f'(x)$，再将 $x=x_0$ 代入 $f'(x)$。

【例 2】 设 $f(x)=C$ (C 为常数)，求 $f'(x)$。

解：$f'(x)=\lim\limits_{\Delta x\to 0}\frac{\Delta y}{\Delta x}=\lim\limits_{\Delta x\to 0}\frac{f(x+\Delta x)-f(x)}{\Delta x}=\lim\limits_{\Delta x\to 0}\frac{C-C}{\Delta x}=0$

即常数的导数为 0。

【例 3】 求 $f(x)=x^2$ 的导数。

解：$f'(x)=\lim\limits_{\Delta x\to 0}\frac{\Delta y}{\Delta x}=\lim\limits_{\Delta x\to 0}\frac{f(x+\Delta x)-f(x)}{\Delta x}=\lim\limits_{\Delta x\to 0}\frac{(x+\Delta x)^2-x^2}{\Delta x}$

$$=\lim_{\Delta x\to 0}\frac{2x\Delta x+(\Delta x)^2}{\Delta x}=\lim_{\Delta x\to 0}(2x+\Delta x)=2x$$

利用二项式定理可以把例 3 推广到 x^n(n 为整数)的导函数:$(x^n)'=nx^{n-1}$,当 n 为任意实数 μ 时,上式仍成立,即$(x^\mu)'=\mu x^{\mu-1}$。

【例 4】 求函数 $f(x)=\sin x$ 的导数及 $f'\left(\frac{\pi}{4}\right)$。

解:$\Delta y=f(x+\Delta x)-f(x)=\sin(x+\Delta x)-\sin x=2\cos\left(x+\frac{\Delta x}{2}\right)\sin\frac{\Delta x}{2}$

$$f'(x)=\lim_{\Delta x\to 0}\frac{\Delta y}{\Delta x}$$

$$=\lim_{\Delta x\to 0}\frac{2\cos(x+\frac{\Delta x}{2})\sin\frac{\Delta x}{2}}{\Delta x}=\lim_{\Delta x\to 0}\cos\left(x+\frac{\Delta x}{2}\right)\frac{\sin\frac{\Delta x}{2}}{\frac{\Delta x}{2}}$$

$$=\lim_{\Delta x\to 0}\cos\left(x+\frac{\Delta x}{2}\right)\lim_{\Delta x\to 0}\frac{\sin\frac{\Delta x}{2}}{\frac{\Delta x}{2}}=\cos x$$

即$(\sin x)'=\cos x(-\infty<x<+\infty)$,于是

$$f'\left(\frac{\pi}{4}\right)=(\sin x)'\big|_{x=\frac{\pi}{4}}=\cos x\big|_{x=\frac{\pi}{4}}=\frac{\sqrt{2}}{2}$$

同理可证

$$(\cos x)'=-\sin x(-\infty<x<+\infty)$$

【例 5】 求函数 $f(x)=\mathrm{e}^x$ 的导数。

解:$f'(x)=\lim\limits_{\Delta x\to 0}\frac{\Delta y}{\Delta x}=\lim\limits_{\Delta x\to 0}\frac{f(x+\Delta x)-f(x)}{\Delta x}=\lim\limits_{\Delta x\to 0}\frac{\mathrm{e}^{x+\Delta x}-\mathrm{e}^x}{\Delta x}$

$$=\lim_{\Delta x\to 0}\frac{\mathrm{e}^x(\mathrm{e}^{\Delta x}-1)}{\Delta x}=\mathrm{e}^x\lim_{\Delta x\to 0}\frac{\mathrm{e}^{\Delta x}-1}{\Delta x}$$

$$=\mathrm{e}^x\lim_{\Delta x\to 0}\frac{\Delta x}{\Delta x}=\mathrm{e}^x$$

即$(\mathrm{e}^x)'=\mathrm{e}^x(-\infty<x<+\infty)$,类似可得$(a^x)'=a^x\ln a(a>0,a\neq 1)$。

【例 6】 求函数 $f(x)=\ln x$ 的导数。

解:$f'(x)=\lim\limits_{\Delta x\to 0}\frac{\Delta x}{\Delta y}=\lim\limits_{\Delta x\to 0}\frac{f(x+\Delta x)-f(x)}{\Delta x}=\lim\limits_{\Delta x\to 0}\frac{\ln(x+\Delta x)-\ln x}{\Delta x}$

$$=\lim_{\Delta x\to 0}\frac{\ln(1+\frac{\Delta x}{x})}{\Delta x}=\lim_{\Delta x\to 0}\ln\left(1+\frac{\Delta x}{x}\right)^{\frac{x}{\Delta x}\frac{1}{x}}$$

$$=\frac{1}{x}\lim_{\Delta x\to 0}\ln\left(1+\frac{\Delta x}{\mathrm{x}}\right)^{\frac{x}{\Delta x}}=\frac{1}{x}$$

即

$$(\ln x)'=\frac{1}{x}\quad(0<x<+\infty)$$

三、左导数和右导数

定义 3 (1)如果极限 $\lim\limits_{\Delta x\to 0^-}\dfrac{f(x_0+\Delta x)-f(x_0)}{\Delta x}$存在,则称此极限值为 $f(x)$在点 x_0处的左导数,记作 $f'_-(x_0)$。

(2)如果极限 $\lim\limits_{\Delta x\to 0^+}\dfrac{f(x_0+\Delta x)-f(x_0)}{\Delta x}$存在,则称此极限值为 $f(x)$在点 x_0处的右导数,记作$f'_+(x_0)$。

函数 $f(x)$在点 x_0处可导的充要条件是:$f'_-(x_0)$与 $f'_+(x_0)$同时存在且相等,即 $f'(x_0)$存在$\Leftrightarrow f'_-(x_0)=f'_+(x_0)$。

定义 4 如果函数在开区间(a,b)内可导,而且 $f'_+(a)$与 $f'_-(b)$都存在,则称在闭区间$[a,b]$上可导。

【例 7】 分析函数 $f(x)=|x|$在点 $x=0$ 处是否可导?

解:由于 $f(x)=|x|=\begin{cases}x, & x\geqslant 0\\ -x, & x<0\end{cases}$

故有

$$f(0+\Delta x)=\begin{cases}\Delta x, & x>0\\ -\Delta x, & x<0\end{cases}$$

于是

$$f'_-(0)=\lim_{\Delta x\to 0^-}\frac{f(0+\Delta x)-f(0)}{\Delta x}=\lim_{\Delta x\to 0^-}\frac{-\Delta x}{\Delta x}=-1$$

$$f'_+(0)=\lim_{\Delta x\to 0^+}\frac{f(0+\Delta x)-f(0)}{\Delta x}=\lim_{\Delta x\to 0^+}\frac{\Delta x}{\Delta x}=1$$

由于 $f'_-(0)\neq f'_+(0)$,所以 $f(x)=|x|$在点 $x=0$ 处的不可导。

四、导数的几何意义

根据导数定义及曲线的切线斜率的求法,可以知道,函数$y=f(x)$在点 x_0处的导数的几何意义就是曲线 $y=f(x)$在点$(x_0,f(x_0))$处的切线的斜率(图 3-3),即

$$k=\tan\alpha=f'(x_0)$$

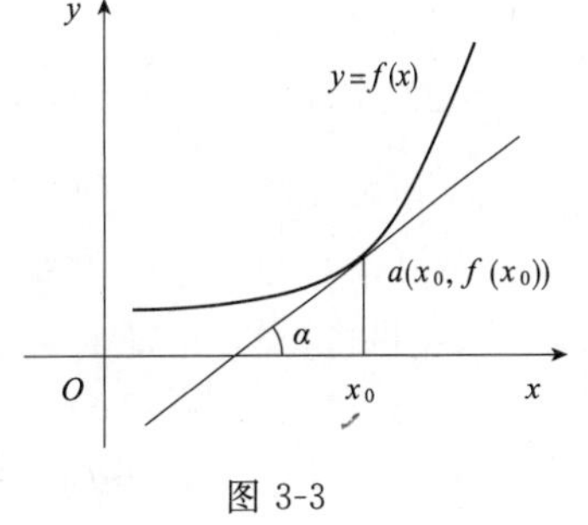

图 3-3

由此可知曲线 $y=f(x)$在点 A 处的切线方程为

$$y-f(x_0)=f'(x_0)(x-x_0)$$

法线方程为

$$y-f(x_0)=-\frac{1}{f'(x_0)}(x-x_0)\ (f'(x_0)\neq 0)$$

【例 8】 求曲线 $f(x)=x^2$ 在点$(-2,4)$处的切线斜率,并写出切线与法线方程。

解:$f'(x)=(x^2)'=2x$

所以在点$(-2,4)$处的切线斜率 $k_{切}=2x\Big|_{x=-2}=-4$;法线斜率为 $k_{法}=-\dfrac{1}{k_{切}}=\dfrac{1}{4}$。

因此所求的切线方程为

$$y-4=-4(x+2)$$

即

$$4x+y+4=0$$

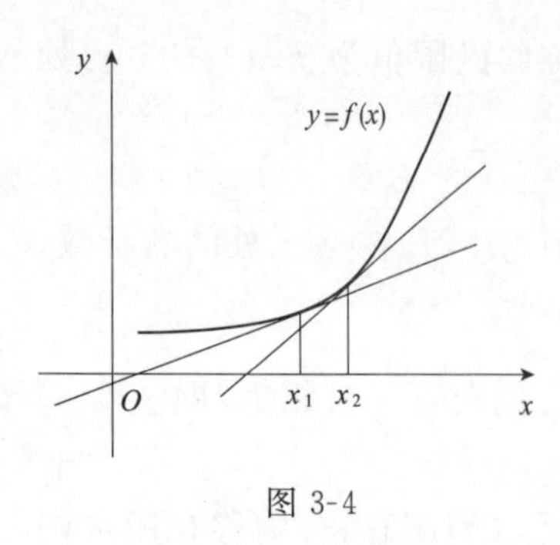

图 3-4

法线方程为

$$y-4=\frac{1}{4}(x+2)$$

即

$$x-4y+18=0$$

由导数的几何意义可知，导数的绝对值 $|f'(x_0)|$ 越大，曲线在该点附近越陡，如图 3-4 中点 x_2 所示；$|f'(x_0)|$ 越小，曲线在该点附近越平缓，如图 3-4 中点 x_1 所示。

五、可导与连续的关系

定理 1　设函数 $y=f(x)$ 在点 x_0 处可导，则函数 $y=f(x)$ 在点 x_0 处连续，其逆命题为假命题。

证明： 函数 $y=f(x)$ 在点 x_0 处可导，即 $\lim\limits_{\Delta x\to 0}\frac{\Delta y}{\Delta x}$ 存在，其中 $\Delta y=f(x_0+\Delta x)-f(x_0)$，所以

$$\lim_{\Delta x\to 0}\Delta y=\lim_{\Delta x\to 0}\left(\frac{\Delta y}{\Delta x}\Delta x\right)=\lim_{\Delta x\to 0}\frac{\Delta y}{\Delta x}\lim_{\Delta x\to 0}\Delta x=0$$

即函数 $y=f(x)$ 在点 x_0 处连续。

【例 9】　讨论函数 $f(x)=\begin{cases}3x-2, & x\leqslant 1\\ x^2, & x>1\end{cases}$，在点 $x=1$ 处的连续性与可导性。

解： $x=1$ 是分段函数的分段点，讨论其连续性与可导性时，一般情况下，均需对其左右两侧的情况分别加以讨论。

(1)先讨论连续性

因为 $f(1-0)=\lim\limits_{x\to 1^-}(3x-2)=1$，$f(1+0)=\lim\limits_{x\to 1^+}x^2=1$

又因为 $f(1)=1$，$f(1-0)=f(1+0)=f(1)$

故 $f(x)$ 在点 $x=1$ 处连续。

(2)再讨论可导性

当 $\Delta x<0$ 时，$\Delta y=f(1+\Delta x)-f(1)=[3(1+\Delta x)-2]-1=3\Delta x$

当 $\Delta x>0$ 时，$\Delta y=f(1+\Delta x)-f(1)=(1+\Delta x)^2-1=2\Delta x+(\Delta x)^2$

$$f'_-(1)=\lim_{\Delta x\to 0^-}\frac{\Delta y}{\Delta x}=\lim_{\Delta x\to 0^-}\frac{3\Delta x}{\Delta x}=3$$

$$f'_+(1)=\lim_{\Delta x\to 0^+}\frac{\Delta y}{\Delta x}=\lim_{\Delta x\to 0^+}\frac{2\Delta x+(\Delta x)^2}{\Delta x}=2$$

$$f'_-(1)\neq f'_+(1)$$

所以函数在点 $x=1$ 处连续，但不可导。

议一议 讲一讲

问题 1:设函数 $f(x)=x^2$,(1)$f'(x)$与 $f'(2)$是属于同一个概念吗?(2)如果不是,讲一讲它们的区别。

问题 2:$\lim\limits_{\Delta x\to 0}\dfrac{f(x_0+\Delta x)-f(x_0)}{\Delta x}$,$\lim\limits_{\Delta x\to 0}\dfrac{f(x_0+\Delta x)-f(x_0-\Delta x)}{\Delta x}$

(1)它们相等吗?(2)不相等的话,讲一讲它们是什么关系?

问题 3:你能用导数的几何意义求曲线在某点处的切线和法线方程吗?讲一讲求曲线的切线和法线方程的具体步骤。

习 题 一

1.已知质点作直线运动,距离 s 与时间 t 的关系为 $s=3t^2+2t-1$。求:

(1)质点在时间$[1,1+\Delta t]$内运动的距离;

(2)质点在时间$[1,1+\Delta t]$内的平均速度;

(3)质点在时刻 $t=1$ 的速度。

2.用导数定义求下列函数的导数。

(1)$f(x)=x^3$　　(2)$f(x)=\cos x$

3.设函数 $y=\dfrac{1}{x}$,用导数的定义求 y',$y'|_{x=1}$。

4.下列各题中假定存在,试利用导数的定义确定下列各题的系数 k。

(1)$\lim\limits_{\Delta x\to 0}\dfrac{f(x_0+\Delta x)-f(x_0)}{\Delta x}=kf'(x_0)$

(2)$\lim\limits_{h\to 0}\dfrac{f(x_0+h)-f(x_0-h)}{h}=kf'(x_0)$

(3)$\lim\limits_{\Delta x\to 0}\dfrac{f(x_0+a\Delta x)-f(x_0-a\Delta x)}{\Delta x}=kf'(x_0)$($a$ 为不等于 0 的常数)

5.求曲线 $y=e^x$ 在点$(1,e)$处的切线方程与法线方程。

6.若函数

$$f(x)=\begin{cases}ax+b, & x<1\\ 0, & x=1\\ x^2-1, & x>1\end{cases}$$

在点 $x=1$ 处可导,求 a、b 的值。

§3.2 导数的运算法则

前面根据导数的定义,可以计算部分基本初等函数的导数。但当函数比较复杂时,直接用定义来计算导数往往很困难。本节将建立一系列导数运算法则,从而使求导数的计算简单化,求导数的方法称之为微分法。

一、导数的四则运算法则

定理 2 设函数 $u(x)$、$v(x)$ 在 x 处可导,则它们的和、差、积与商 $\frac{v(x)}{u(x)}$ $(u(x)\neq 0)$ 在 x 处也可导,且满足以下关系:

(1) $[u(x)\pm v(x)]'=u'(x)\pm v'(x)$

(2) $[u(x)v(x)]'=u(x)v'(x)+u'(x)v(x)$

(3) $\left[\frac{v(x)}{u(x)}\right]'=\frac{v'(x)u(x)-v(x)u'(x)}{[u(x)]^2}$

证明:上述三个公式的证明思路都类似,在此只证明(2),因为 $u(x+\Delta x)-u(x)=\Delta u$,即

$$u(x+\Delta x)=\Delta u+u(x)$$

令 $y=u(x)v(x)$,则

$$\begin{aligned}\Delta y&=u(x+\Delta x)v(x+\Delta x)-u(x)v(x)\\&=[u(x)+\Delta u][v(x)+\Delta v]-u(x)v(x)\\&=u(x)\Delta v+v(x)\Delta u+\Delta u\Delta v\end{aligned}$$

因为 $u'(x)=\lim\limits_{\Delta x\to 0}\frac{\Delta u}{\Delta x}$,$v'(x)\lim\limits_{\Delta x\to 0}\frac{\Delta v}{\Delta x}$,所以

$$\lim_{\Delta x\to 0}\frac{\Delta y}{\Delta x}=\lim_{\Delta x\to 0}\left[u(x)\frac{\Delta v}{\Delta x}+v(x)\frac{\Delta u}{\Delta x}+\frac{\Delta v}{\Delta x}\Delta v\right]$$

最后因为 v 可导,v 是连续,所以 $\lim\limits_{\Delta x\to 0}\Delta v=0$,故有

$$[u(x)v(x)]'=u(x)v'(x)+u'(x)v(x)$$

因为常数的导数为 0,利用上述公式就有推论 1。

推论 1 $[Cu(x)]'=Cu'(x)$(C 为常数)

利用商的导数公式,即可证明推论 2。

推论 2 $\left[\frac{1}{u(x)}\right]'=-\frac{u'(x)}{u^2(x)}$

连续使用乘法的导数公式,即可证明推论 3。

推论 3 $[u(x)v(x)w(x)]'=u'(x)v(x)w(x)+u(x)v'(x)w(x)+u(x)v(x)w'(x)$

【例 10】 设 $f(x)=x^3-e^x+3\ln x+4\sin x$,求 $f'(x)$。

解:$f'(x)=(x^3-e^x+3\ln x+4\sin x)'=3x^2-e^x+\frac{3}{x}+4\cos x$

【例 11】 设 $f(x)=xe^x$,求 $f'(x)$ 及 $f'(1)$。

解:$f'(x)=x'e^x+x(e^x)'=e^x+xe^x=(1+x)e^x$

$f'(1)=(1+1)e^1=2e$

【例 12】 设 $f(x)=\frac{x-1}{x+1}$,求 $f'(x)$。

解:$f'(x)=\frac{(x-1)'(x+1)-(x-1)(x+1)'}{(x+1)^2}$

$$=\frac{(x+1)-(x-1)}{(x+1)^2}=\frac{x+1-x+1}{(x+1)^2}$$

$$=\frac{2}{(x+1)^2}$$

【例 13】 设 $f(x)=\tan x$,求 $f'(x)$。

解:$f'(x)=(\tan x)'=\left(\frac{\sin x}{\cos x}\right)'=\frac{\cos x(\sin x)'-\sin x(\cos x)'}{\cos^2 x}$

$$=\frac{\cos^2 x+\sin^2 x}{\cos^2 x}=\frac{1}{\cos^2 x}=\sec^2 x$$

同理可得:$(\cot x)'=-\csc^2 x$

【例 14】 设 $f(x)=\sec x$,求 $f'(x)$。

解:$f'(x)=(\sec x)'=\left(\frac{1}{\cos x}\right)'=-\frac{1}{\cos^2 x}(-\sin x)=\sec x\tan x$

同理可得:$(\csc x)'=-\csc x\cot x$

【例 15】 设 $f(x)=\log_a x(a>0,a\neq 1)$,求 $f'(x)$。

解:$f'(x)=(\log_a x)'=\left(\frac{\ln x}{\ln a}\right)'=\frac{1}{\ln a}(\ln x)'=\frac{1}{x\ln a}$

即$(\log_a x)'=\frac{1}{x\ln a}(a>0,a\neq 1),x\in(0,+\infty)$

另外用有关知识可以求得

$$(\arcsin x)'=\frac{1}{\sqrt{1-x^2}}$$

$$(\arccos x)'=\frac{1}{\sqrt{1-x^2}}$$

$$(\arctan x)'=\frac{1}{1+x^2}$$

$$(\text{arccot}\, x)'=\frac{-1}{1+x^2}$$

至此,已经推导出基本初等函数及常数的导数公式,为了方便,汇总在一起:

(1)$(C)'=0$

(2)$(x^a)'=ax^{a-1}$

(3)$(a^x)'=a^x\ln a$

(4)$(e^x)'=e^x$

(5)$(\log_a x)'=\frac{1}{x\ln a}$

(6)$(\ln x)'=\frac{1}{x}$

(7)$(\sin x)'=\cos x$

(8)$(\cos x)'=-\sin x$

(9)$(\tan x)'=\sec^2 x$

(10)$(\cot x)'=-\csc^2 x$

(11)$(\sec x)'=\sec x\tan x$

(12)$(\csc x)'=-\csc x\cot x$

(13)$(\arcsin x)'=\frac{1}{\sqrt{1-x^2}}$

(14)$(\arccos x)'=\frac{-1}{\sqrt{1-x^2}}$

(15)$(\arctan x)'=\frac{1}{1+x^2}$

(16)$(\text{arccot}\, x)'=\frac{-1}{1+x^2}$

二、复合函数的求导

定理 3 设函数 $y=f(u)$，$u=\varphi(x)$ 均可导，则复合函数 $y=f[\varphi(x)]$ 也可导，且 $y'_x=y'_u u'_x$ 或 $y'_x=f'(u)\varphi'(x)$ 或 $\frac{dy}{dx}=\frac{dy}{du}\frac{du}{dx}$。

证明：设变量 x 有增量 Δx，相应的变量 u 有增量 Δu，从而 y 有增量 Δy，由于 u 可导，所以 $\lim\limits_{\Delta x\to 0}\Delta u=0$。

$$\lim_{\Delta x\to 0}\frac{\Delta y}{\Delta x}=\lim_{\Delta x\to 0}\left(\frac{\Delta y}{\Delta u}\frac{\Delta u}{\Delta x}\right)=\lim_{\Delta x\to 0}\frac{\Delta y}{\Delta u}\lim_{\Delta x\to 0}\frac{\Delta u}{\Delta x}$$

$$=\lim_{\Delta u\to 0}\frac{\Delta y}{\Delta u}\lim_{\Delta x\to 0}\frac{\Delta u}{\Delta x}=y'_u u'_x$$

即

$$y'_x=y'_u u'_x$$

在此要说明一下，上式推导过程中假定 $\Delta u\neq 0$ 的，当 $\Delta u=0$，上式仍成立。

推论 设 $y=f(u)$，$u=\varphi(v)$，$v=\psi(x)$ 均可导，则复合函数 $y=f[\varphi(\psi(x))]$ 也可导，且 $y'_x=y'_u u'_v v'_x$。

如果复合函数的复合层次更多，上述公式还可以推广。

求复合函数的导数时，要分析清复合过程，认清中间变量。简单地说，关键在于层层求导，最后再将导数相乘。

【例 16】 设 $y=e^{2x}$，求 y'。

解：$y=e^{2x}$ 由 $y=e^u$ 和 $u=2x$ 复合而成，因此有

$$y'=y'_u u'_x=e^u\times 2=2e^{2x}$$

【例 17】 设 $y=(x^2-2x+3)^{20}$，求 y'。

解：$y=(x^2-2x+3)^{20}$ 由 $y=u^{20}$ 和 $u=x^2-2x+3$ 复合而成，因此有

$$y'=y'_u u'_x=20u^{19}\times(2x-2)=40(x-1)(x^2-2x+3)^{19}$$

【例 18】 设 $y=\ln\sin x$，求 y'。

解：$y=\ln\sin x$ 由 $y=\ln u$ 和 $u=\sin x$ 复合而成，因此有

$$y'=y'_u u'_x=\frac{1}{u}\times\cos x=\frac{\cos x}{\sin x}=\cot x$$

复合函数求导熟练后，中间变量可以不必写出。

【例 19】 设 $y=e^{\sin(1-x^2)}$，求 y'。

解：$y'=e^{\sin(1-x^2)}\cos(1-x^2)(-2x)=-2xe^{\sin(1-x^2)}\cos(1-x^2)$

【例 20】 设幂函数 $y=x^a$（a 为任意常数）的导数 $\frac{dy}{dx}$（其中 $x>0$）。

解：因为 $y=x^a=e^{a\ln x}$，由复合函数求导法可得

$$\frac{dy}{dx}=(e^{a\ln x})'=e^{a\ln x}(a\ln x)'=x^a\frac{a}{x}=ax^{a-1}$$

即

$$(x^a)'=ax^{a-1}\quad(0<x<+\infty)$$

【例 21】 设 $y=\ln(\sin 2x)$，求 y'。

解：$y'=\dfrac{1}{\sin 2x}(\sin 2x)'_x=\dfrac{2\cos 2x}{\sin 2x}=2\cot 2x$

【例 22】 设 $y=e^{\sin\frac{1}{x}}$，求 y'。

解：$y'=e^{\sin\frac{1}{x}}\left(\sin\dfrac{1}{x}\right)'_x=-\dfrac{\cos\dfrac{1}{x}}{x^2}e^{\sin\frac{1}{x}}$

【例 23】 设 $y=\dfrac{x}{\sqrt{1+x^2}}$，求 y'。

解：$y'=\dfrac{(x)'\sqrt{1+x^2}-x(\sqrt{1+x^2})'}{1+x^2}=\dfrac{\sqrt{1+x^2}-\dfrac{x^2}{\sqrt{1+x^2}}}{1+x^2}$

$=\dfrac{(1+x^2)-x^2}{(1+x^2)^{\frac{3}{2}}}=\dfrac{1}{(1+x^2)^{\frac{3}{2}}}$

议一议 讲一讲

问题 1：函数 $y=xe^x$，试问：

(1)用导数四则运算中哪一个公式可以求出它的导数？

(2)讲一讲它的求导过程。

问题 2：函数 $y=e^{2x}$，则 $y'=(e^{2x})'=e^{2x}$，试问：

(1)上式运算正确吗？(2)讲一讲它的正确运算过程。

习 题 二

1. 求下列函数的导数：

(1) $y=x^3-\dfrac{2}{x}+3e^x-4\ln x$

(2) $y=x\cos x$

(3) $y=x^2\ln x$

(4) $y=\dfrac{x-1}{x+2}$

(5) $y=3\sin x+\sin\dfrac{\pi}{4}$

(6) $y=e^x\sin x$

2. 计算下列函数的导数：

(1) $y=(2x-3)^{10}$

(2) $y=\ln(\cos x)$

(3) $y=\dfrac{1}{\sqrt{1+x^2}}$

(4) $y=\ln(x+\sqrt{x^2+1})$

(5) $y=\sin e^x$

(6) $y=e^{-\sin\frac{1}{x}}$

(7) $y=\arctan\sqrt{1-x^2}$

(8) $y=e^{\sin(x^2-2)}$

3. 求下列函数在给定点的导数：

(1) $y=3\sin x+2\cos x$，在 $x=\frac{\pi}{4}$

(2) $y=2e^x-x^4$，在 $x=1$

(3) $y=e^{x\sin x}$，在 $x=\frac{\pi}{2}$

4. 质点按规律 $s=12+3t^2-2t^3$ 作直线运动，其中 s 以 m 为单位，t 以 s 为单位，求：

(1) 当 $t=3$ 时质点的运动速度；

(2) 质点在什么时刻改变运动方向？

§3.3 函数的微分及其应用

一、微分的概念

先看一个具体的例子。

设有一边长为 x_0 的正方形金属薄片，当受温度变化的影响，边长变到 $x_0+\Delta x$ 时，问正方形的面积增加了多少？

正方形的面积 A 是边长 x 的函数：$A=A(x)=x^2$。

当边长 x 从 x_0 增加到 $x_0+\Delta x$ 时，相应的面积 A 有增量：

$$\Delta A=A(x_0+\Delta x)-A(x_0)=(x_0+\Delta x)^2-(x_0)^2=2x_0\Delta x+(\Delta x)^2$$

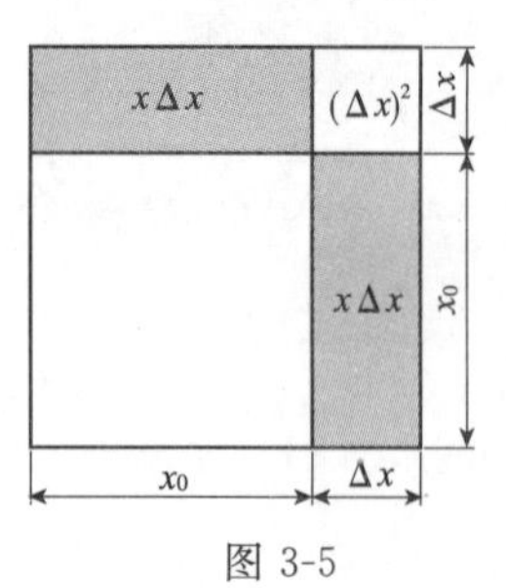

图 3-5

可以看出，ΔA 有两项组成：第一项 $2x_0\Delta x$ 是 Δx 的线性函数；第二项 $(\Delta x)^2$ 当 $\Delta x\to 0$ 时是 Δx 较高阶的无穷小量，如图 3-5 所示。

因此，当 $|\Delta x|$ 充分小且 $2x_0\neq 0$ 时，第一项 $2x_0\Delta x$ 成为 ΔA 的主要部分，第二项可以忽略不计得近似公式：$\Delta A\approx 2x_0\Delta x$，称 $2x_0\Delta x$ 为函数 $A=A(x)=x^2$ 在点 x_0 处的微分。由前所述，一般有下述定义：

定义 5 设函数 $y=f(x)$ 在点 x_0 的一个邻域内有定义，如果函数 $y=f(x)$ 在点 x_0 处的增量 $\Delta y=f(x_0+\Delta x)-f(x_0)$，可以表示为 $\Delta y=A\Delta x+\alpha$，其中 A 与 Δx 无关，α 是 $\Delta x\to 0$ 时 Δx 的高阶无穷小，则称 $A\Delta x$ 为函数 $y=f(x)$ 在 x_0 处的微分，记作 dy，即

$$dy=A\Delta x$$

这时也称函数 $y=f(x)$ 在点 x_0 处可微。

定理 4 设函数 $y=f(x)$ 在点 x 处可微，则函数 $y=f(x)$ 在点 x 处可导，且 $A=f'(x)$。反之，如果函数 $y=f(x)$ 在点 x 处可导，则 $f(x)$ 在点 x 处可微。

证明：因为 $f(x)$ 在点 x 处可微，所以有

$$\Delta y=A\Delta x+\alpha$$

其中，$\lim\limits_{\Delta x\to 0}\frac{\alpha}{\Delta x}=0$，则

$$\lim_{\Delta x\to 0}\frac{\Delta y}{\Delta x}=\lim_{\Delta x\to 0}\frac{A\Delta x+\alpha}{\Delta x}=\lim_{\Delta x\to 0}(A+\frac{\alpha}{\Delta x})=A$$

即 $f(x)$在点 x 处可导，且 $A=f'(x)$。

反之，因 $f(x)$在点 x 处可导，即

$$\lim_{\Delta x\to 0}\frac{\Delta y}{\Delta x}=f'(x)$$

从而有

$$\frac{\Delta y}{\Delta x}=f'(x)+\beta$$

其中，$\lim\limits_{\Delta x\to 0}\beta=0$(这是根据极限与无穷小的关系得出的)得

$$\Delta y=f'(x)\Delta x+\beta\Delta x$$

因为 $\lim\limits_{\Delta x\to 0}\frac{\beta\Delta x}{\Delta x}=\lim\limits_{\Delta x\to 0}\beta=0$，所以函数 $f(x)$可微。且

$$\mathrm{d}y=f'(x)\Delta x$$

或

$$\mathrm{d}y=f'(x)\mathrm{d}x$$

定理 4 也可叙述为：函数 $f(x)$在 x 处可微的充分条件是函数 $f(x)$在 x 处可导。

上式也可以写成为

$$\frac{\mathrm{d}y}{\mathrm{d}x}=f'(x)$$

$\mathrm{d}y$ 与 $\mathrm{d}x$ 之商即函数的微分与自变量微分之商就是函数 $f(x)$的导数。这也就是在本章第一节中为什么把导数记作$\frac{\mathrm{d}y}{\mathrm{d}x}$的道理，因此可以把记号$\frac{\mathrm{d}y}{\mathrm{d}x}$理解为两个微分之商。因而导数也称为微商。

有了定理 4 后，求函数的微分就容易了，可以先求出函数的导数再乘以 $\mathrm{d}x$，其积就是函数的微分。

【例 24】 求函数 $y=x^3$，当 $x=1$，$\Delta x=0.01$ 时的微分 $\mathrm{d}y$。

解：函数在任意点的微分

$$\mathrm{d}y=(x^3)'\Delta x=3x^2\Delta x$$

于是

$$\mathrm{d}y\Big|_{\substack{x=1\\ \Delta x=0.01}}=3x^2\Delta x\Big|_{\substack{x=1\\ \Delta x=0.01}}=0.03$$

【例 25】 求函数 $y=\mathrm{e}^{3x}$在 $x=0$ 处的微分 $\mathrm{d}y$。

解：$y'=\mathrm{e}^{3x}(3x)'=3\mathrm{e}^{3x}$，所以 $\mathrm{d}y=y'\mathrm{d}x=3\mathrm{e}^{3x}\mathrm{d}x$

$$\mathrm{d}y|_{x=0}=3\mathrm{e}^{3x}\mathrm{d}x|_{x=0}=3\mathrm{e}^0\mathrm{d}x=3\mathrm{d}x$$

二、微分的几何意义

上面已经讨论了增量 Δy，微分 $\mathrm{d}y$ 和导数 $f'(x)$之间的关系，下面再从图形上直观地反映它们之间的关系，以便进一步理解它们。

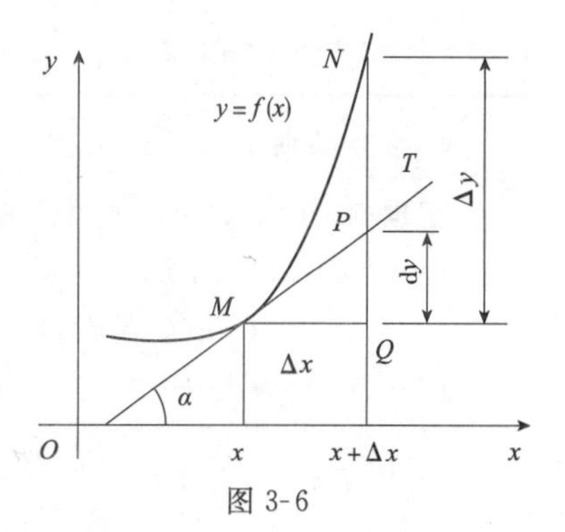

图 3-6

设函数 $y=f(x)$的图形如图 3-6 所示，过曲线$y=f(x)$上一点 $M(x,y)$处作切线 MT，设 MT 的倾斜角为 α，则

$$\tan\alpha=f'(x)$$

当自变量 x 有增量 Δx 时，切线 MT 的纵坐标相应也有增量

$$QP=\tan\alpha\cdot\Delta x=f'(x)\Delta x=\mathrm{d}y$$

因此，微分 $\mathrm{d}y=f'(x)\Delta x$ 几何上表示当 x 有增量时，曲线 $y=f(x)$ 在对应点 $M(x,y)$ 处的切线的纵坐标的增量。用 $\mathrm{d}y$ 近似代替 Δy，就是用点 M 处的切线纵坐标的增量 QP 近似代替曲线 $y=f(x)$ 的纵坐标的增量 QN，并且 $|\Delta y-\mathrm{d}y|=PN$，当 $\Delta x\to 0$ 时，它是比 Δx 高阶的无穷小。

三、微分的基本公式及其运算法则

由导数与微分的关系可知，有一个导数公式就有一个相应的微分公式。

1. 基本初等函数的导数和微分公式

由基本初等函数的导数公式，可以直接写出基本初等函数的微分公式，为了方便微分与导数的对照，见表 3-1 所列。

微分与导数对照　　表 3-1

导数公式	微分公式
$(C)'=0$	$\mathrm{d}C=0$
$(x^a)'=ax^{a-1}$	$\mathrm{d}x^a=ax^{a-1}\mathrm{d}x$
$(a^x)'=a^x\ln a$	$\mathrm{d}a^x=a^x\ln a\mathrm{d}x$
$(\mathrm{e}^x)'=\mathrm{e}^x$	$\mathrm{d}\mathrm{e}^x=\mathrm{e}^x\mathrm{d}x$
$(\log_a x)'=\frac{1}{x\ln a}$	$\mathrm{d}\log_a x=\frac{1}{x\ln a}\mathrm{d}x$
$(\ln x)'=\frac{1}{x}$	$\mathrm{d}\ln x=\frac{1}{x}\mathrm{d}x$
$(\sin x)'=\cos x$	$\mathrm{d}\sin x=\cos x\mathrm{d}x$
$(\cos x)'=-\sin x$	$\mathrm{d}\cos x=-\sin x\mathrm{d}x$
$(\tan x)'=\sec^2 x$	$\mathrm{d}\tan x=\sec^2 x\mathrm{d}x$
$(\cot x)'=-\csc^2 x$	$\mathrm{d}\cot x=-\csc^2 x\mathrm{d}x$
$(\sec x)'=\sec x\tan x$	$\mathrm{d}\sec x=\sec x\tan x\mathrm{d}x$
$(\csc x)'=-\csc x\cot x$	$\mathrm{d}\csc x=-\csc x\cot x\mathrm{d}x$
$(\arcsin x)'=\frac{1}{\sqrt{1-x^2}}$	$\mathrm{d}\arcsin x=\frac{1}{\sqrt{1-x^2}}\mathrm{d}x$
$(\arctan x)'=\frac{1}{1+x^2}$	$\mathrm{d}\arctan x=\frac{1}{1+x^2}\mathrm{d}x$
$(\mathrm{arccot}x)'=\frac{-1}{1+x^2}$	$\mathrm{darcco}x\text{-}=\frac{-1}{1+x^2}\mathrm{d}x$

2. 微分的四则运算法则

定理 5　设函数 u,v 可微，则

(1) $\mathrm{d}(u\pm v)=\mathrm{d}u\pm\mathrm{d}v$

(2) $\mathrm{d}(Cu)=C\mathrm{d}u$（$C$ 为常数）

(3) $\mathrm{d}(uv)=v\mathrm{d}u+u\mathrm{d}v$

(4) $\mathrm{d}(\frac{v}{u})=\frac{u\mathrm{d}v-v\mathrm{d}u}{u^2}(u\neq 0)$

证明:上述四个公式证法相似,在此只给出第三个公式的证明过程。

因为其中 $u'\mathrm{d}x=\mathrm{d}u, v'\mathrm{d}x=\mathrm{d}v$,所以 $\mathrm{d}(uv)=(uv)'\mathrm{d}x=u'v\mathrm{d}x+uv'\mathrm{d}x=v\mathrm{d}u+u\mathrm{d}v$。

【例 26】 设函数 $y=e^x\sin x$,求 $\mathrm{d}y$。

解:$\mathrm{d}y=\mathrm{d}(e^x\sin x)=e^x\mathrm{d}\sin x+\sin x\mathrm{d}e^x=e^x(\cos x+\sin x)\mathrm{d}x$

【例 27】 求由方程 $y=e^{-\frac{2x}{y}}$ 所确定的隐函数 $y=f(x)$ 的微分 $\mathrm{d}y$ 与导数 $\frac{\mathrm{d}y}{\mathrm{d}x}$。

解:对方程两边求微分得

$$\begin{aligned}\mathrm{d}y&=\mathrm{d}(e^{-\frac{2x}{y}})=e^{-\frac{2x}{y}}\mathrm{d}(-\frac{2x}{y})\\&=\frac{y\cdot y\mathrm{d}(-2x)-(-2x)\mathrm{d}y}{y^2}\\&=-2dx+\frac{2x}{y}dy\end{aligned}$$

即

$$\left(\frac{2x}{y}-1\right)\mathrm{d}y=2\mathrm{d}x$$

因此

$$\mathrm{d}y=\frac{2}{\frac{2x}{y}-1}\mathrm{d}x=\frac{2y}{2x-y}\mathrm{d}x$$

$$\frac{\mathrm{d}y}{\mathrm{d}x}=\frac{2y}{2x-y}$$

3. 复合函数的微分

根据复合函数的求导法则,可以得到复合函数的微分法则。

设 $y=f(u), u=\varphi(x)$ 均可微,则 $y=f[\varphi(x)]$ 也可微(u 为中间变量),且

$$\mathrm{d}y=f'(u)\varphi'(x)\mathrm{d}x=f'[\varphi(x)]\varphi'(x)\mathrm{d}x$$

由于 $\varphi'(x)\mathrm{d}x=\mathrm{d}[\varphi(x)]=du$ 所以上式也可以写成 $\mathrm{d}y=f'(u)\mathrm{d}u$。

从上式的形式来看,它与 $y=f(u)$(u 为自变量)的微分 $\mathrm{d}y=f'(u)\mathrm{d}u$ 形式一样,这叫微分形式的不变性。也就是说,不管 u 是自变量还是中间变量,函数 $y=f(u)$ 的微分形式总可以用 $\mathrm{d}y=f'(u)\mathrm{d}u$ 来统一表示。

【例 28】 求函数 $y=\cos(x^2-1)$ 的微分 $\mathrm{d}y$。

解:$\mathrm{d}y=[\cos(x^2-1)]'\mathrm{d}x=\sin(x^2-1)\mathrm{d}(x^2-1)=2x\sin(x^2-1)\mathrm{d}x$

【例 29】 求函数 $y=e^{\frac{1}{x}}$ 的微分 $\mathrm{d}y$。

解: $\mathrm{d}y=(e^{\frac{1}{x}})'\mathrm{d}x=-\frac{1}{x^2}e^{\frac{1}{x}}\mathrm{d}x$

由以上所述可知,求任意可微函数 $y=f(x)$ 的微分,可以先求函数 $y=f'(x)$ 的导数,再乘以 $\mathrm{d}x$,也可以直接用微分的基本公式和有关法则求。

4. 微分在近似计算中的运用

由微分的定义可知,当 $|\Delta x|$ 很小时,有

$$\Delta y=f(x_0+\Delta x)-f(x_0)\approx f'(x_0)\Delta x$$

或

$$f(x_0+\Delta x)\approx f(x_0)+f'(x_0)\Delta x \tag{3-3}$$

设 $x_0+\Delta x=x$,则上式可写成

$$f(x)\approx f(x_0)+f'(x_0)(x-x_0) \tag{3-4}$$

可以用式(3-3)或式(3-4)来求函数 $f(x)$的近似值。

注意:在求函数 $f(x)$的近似值时,要选择适当的 x_0,使 $f(x_0)$,$f'(x_0)$容易求,而且 $|x-x_0|$尽量要小。

【例 30】 求$\sqrt{1.02}$的近似值。

解:令 $f(x)=\sqrt{x}$,$f'(x)=\dfrac{1}{2\sqrt{x}}$,$x_0=1$,$\Delta x=0.02$,有

$$f(x_0+\Delta x)\approx f(x_0)+f'(x_0)\Delta x$$

$$f(1+0.02)\approx\sqrt{1}+\frac{1}{2}\times 0.02=1.01,\sqrt{1.02}\approx 1.01$$

【例 31】 求 sin46°的近似值。

解:设 $y=\sin x$,由式(3-4)得

$$\sin x\approx\sin x_0+\cos x_0(x-x_0)$$

取 $x=46°$,$x_0=45°$,$x-x_0=1°\left(=\dfrac{\pi}{180}\right)$,于是

$$\sin 46°\approx\sin 45°+\cos 45°\cdot\frac{\pi}{180}=\frac{\sqrt{2}}{2}+\frac{\sqrt{2}}{2}\cdot\frac{\pi}{180}\approx 0.719$$

【例 32】 证明当$|x|\ll 1$时,$\sqrt[n]{1+x}\approx\dfrac{x}{n}(n\in N)$。

证明:令 $f(x)=\sqrt[n]{1+x}$,则 $\mathrm{d}y=f'(x)=\dfrac{1}{n}(1+x)^{\frac{1}{n}-1}$,取 $x_0=0$,有

$$\begin{aligned}f(x)&\approx f(x_0)+f'(x_0)x(\Delta x=x-0=x)\\&\approx 1+\frac{1}{n}x\end{aligned}$$

即

$$\sqrt[n]{1+x}\approx 1+\frac{x}{n}(|x|\ll 1)$$

当$|x|\ll 1$时,以下六式均成立。

(1)$\sin x\approx x$　　(2)$\tan x\approx x$

(3)$\arcsin x\approx x$　　(4)$\arctan x\approx x$

(5)$\mathrm{e}^x-1\approx x$　　(6)$\ln(1+x)\approx x$

上述公式在机械工程中经常用到,而且与前面所讲的互为等价无穷小也是一致的。

议一议 讲一讲

问题1:函数 $y=f(x)$中 y 的增量 Δy 和 y 的微分 dy,试问:

(1)它们是同一个概念吗?(2)讲一讲它们之间的关系。

问题2:函数 $y=f(x)$,试问:

(1)它的导数和微分分别用什么表示?(2)讲一讲它们的关系。

问题3:$\sqrt{2}$,试问:

(1)能用微分求出它的近似值吗?(2)讲一讲运算过程。

习 题 三

1.求函数 $y=x^2-2x$ 在 $x=1$ 处,Δx 等于 0.1,0.01 时的增量与微分。

2.求自变量 x 由 2 变到 2.01 时,函数 $y=x^3-2x$ 在 $x=2$ 处的微分。

3.求下列函数的微分:

(1)$y=x^2+2x-e^x$　　(2)$y=x\sin x$

(3)$y=\ln(e^x-e^{-x})$　　(4)$y=e^{\cos 2x}$

(5)$y=\tan(1-x^2)$　　(6)$y=\dfrac{x+2}{2x-1}$

4.用微分求下列式子的近似计算:

(1)$\cos 61°$　　(2)$e^{0.01}$　　(3)$\sqrt{2}$

5.边长为 a 的金属立方体受热膨胀,当边长增加 h 时,求立方体所增加的体积的近似值。

6.当$|x|$很小时,证明下列近似公式:

(1)$\ln(1+x)\approx x$　　(2)$\dfrac{1}{1+x}\approx 1-x$

§3.4 隐函数及参数方程所确定的函数的导数

一、隐函数的微分法

设 $F(x,y)$是一个关于 x 和 y 的解析表达式,则方程 $F(x,y)=0$ 确定了变量 y 是变量 x 的函数,当这个函数没有用 x 的显式 $y=f(x)$示,所以称为隐函数。

【例33】 方程 $x^2+y^2=r^2$(r 为常数)确定的函数 $y=f(x)$,求$\dfrac{dy}{dx}$。

解:方法一: 化隐函数为显函数

由 $x^2+y^2=r^2$ 可得,$y=\pm\sqrt{r^2-x^2}$。

(1)取 $y=\sqrt{r^2-x^2}$时,得$\dfrac{dy}{dx}=y'=\dfrac{-2x}{2\sqrt{r^2-x^2}}=-\dfrac{x}{\sqrt{r^2-x^2}}=-\dfrac{x}{y}$

(2)取 $y=-\sqrt{r^2-x^2}$ 时，得 $\frac{dy}{dx}=y'=\frac{-2x}{-2\sqrt{r^2-x^2}}=\frac{-x}{-\sqrt{r^2-x^2}}=-\frac{x}{y}$

方法二： 方程两边同时求微分

$$2x\mathrm{d}x+2y\mathrm{d}y=0$$

因此，当时 $y\neq 0$ 解得

$$\frac{\mathrm{d}y}{\mathrm{d}x}=-\frac{x}{y}$$

方法三： 方程两边同时对 x 求导，因为 y 是 x 的函数，y^2 是 x 的复合函数，运用复合函数求导法则，得

$$2x+2y\frac{\mathrm{d}y}{\mathrm{d}x}=0$$

$$x+y\frac{\mathrm{d}y}{\mathrm{d}x}=0$$

$$\frac{\mathrm{d}y}{\mathrm{d}x}=-\frac{x}{y}$$

由上述可知，对于难以显化的隐函数的求导，用方法二或方法三较为方便。

【例 34】 求由方程 $y=\mathrm{e}^{-\frac{2x}{y}}$ 所确定的隐函数 $y=f(x)$ 的微分 $\mathrm{d}y$ 与导数 $\frac{\mathrm{d}y}{\mathrm{d}x}$。

解：对方程两边求微分得

$$\begin{aligned}\mathrm{d}y&=\mathrm{d}(\mathrm{e}^{-\frac{2x}{y}})=\mathrm{e}^{-\frac{2x}{y}}\mathrm{d}\left(-\frac{2x}{y}\right)\\&=y\cdot\frac{y\mathrm{d}(-2x)-(-2x)\mathrm{d}y}{y^2}\\&=-2\mathrm{d}x+\frac{2x}{y}\mathrm{d}y\end{aligned}$$

即

$$\left(\frac{2x}{y}-1\right)\mathrm{d}y=2\mathrm{d}x$$

因此

$$\mathrm{d}y=\frac{2}{\frac{2x}{y}-1}\mathrm{d}x=\frac{2y}{2x-y}\mathrm{d}x$$

$$\frac{\mathrm{d}y}{\mathrm{d}x}=\frac{2y}{2x-y}$$

一般的，有方程 $F(x,y)=0$ 所确定的函数，它的导数 y' 允许含有 y。

【例 35】 求圆 $x^2+y^2=25$ 在点(3，-4)处的切线方程。

解：由导数的几何意义知道，所求切线的斜率为

$$k=y'\Big|_{y=-4}^{x=3}$$

椭圆方程两边同时对 x 求导，得

$$2x+2yy'=0,\ y'=-\frac{x}{y}$$

即
$$k=y'\Big|_{\substack{x=3\\y=-4}}=-\frac{x}{y}\Big|_{\substack{x=3\\y=-4}}=-\frac{3}{-4}=\frac{3}{4}$$

于是所求的切线方程为

$$y+4=\frac{3}{4}(x-3)$$

即
$$3x-4y-25=0$$

二、由参数方程所确定的函数的导数

一般的，若参数方程

$$\begin{cases}x=\varphi(t)\\y=f(t)\end{cases}(t\in 区间\ I) \tag{3-5}$$

确定的 y 与 x 间的函数关系称为由参数方程(3-5)所确定的函数，例如，已经学过的一种椭圆的参数方程：

$$\begin{cases}x=3\cos t\\y=2\sin t\end{cases}(0\leqslant t\leqslant 2\pi)$$

就确定了 y 与 x 之间的函数关系。这个函数通过参数 t 联系起来。现在来求式(3-5)中所确定的函数 y 对 x 的导数$\frac{\mathrm{d}y}{\mathrm{d}x}$，直接消去 t 很难，根据复合函数求导法则可知

$$\frac{\mathrm{d}y}{\mathrm{d}x}=\frac{\mathrm{d}y}{\mathrm{d}t}\frac{\mathrm{d}t}{\mathrm{d}x}=\frac{\frac{\mathrm{d}y}{\mathrm{d}t}}{\frac{\mathrm{d}x}{\mathrm{d}t}}=\frac{f'(t)}{\varphi'(t)}$$

【例 36】 已知曲线参数方程为

$$\begin{cases}x=2t+2\\y=t^2-3t-2\end{cases}(t\ 为参数)$$

求曲线在 $t=1$ 处的切线方程。

解：当 $t=1$ 时，切点为 $P_0(4,-4)$。椭圆在点 P_0 处的切线斜率为

$$k=\frac{\mathrm{d}y}{\mathrm{d}x}\Big|_{t=1}=\frac{2}{2t-3}\Big|_{t=1}=-2$$

所以曲线在点 P_0 处的切线方程为

$$y+4=-2(x-4)$$

即
$$2x+y-4=0$$

【例 37】 若参数方程

$$\begin{cases}x=\mathrm{e}^t\sin t\\y=\mathrm{e}^t\cos t\end{cases}$$

确定了函数 $y=f(x)$，求$\frac{\mathrm{d}y}{\mathrm{d}x}\Big|_{t=\frac{\pi}{4}}$。

解：$\frac{\mathrm{d}y}{\mathrm{d}x}=\frac{(\mathrm{e}^t\sin t)'}{(\mathrm{e}^t\cos t)'}=\frac{\mathrm{e}^t(\cos t-\sin t)}{\mathrm{e}^t(\cos t+\sin t)}$

即

$$\left.\frac{dy}{dx}\right|_{t=\frac{\pi}{4}}=0$$

三、对数求导法

对于某些函数,例如幂指数函数或函数的连乘、连除或乘方、开方的形式,利用对数求导法比较方便。这种方法是先在函数 $y=f(x)$的两边取对数,变成隐函数,然后用隐函数求导法求出它的导数。

【例 38】 设 $y=x^{\sin x}$,求 y'。

解:两边取对数,得

$$\ln y=\sin x\ln x$$

两边对 x 求导,得

$$\frac{1}{y}y'=\cos x\ln x+\frac{\sin x}{x}$$

所以

$$y'=y\left(\cos x\ln x+\frac{\sin x}{x}\right)$$

$$=x^{\sin x}\left(\cos x\ln x+\frac{\sin x}{x}\right)$$

【例 39】 设 $y=\sqrt[3]{\frac{(x-1)^2}{(x+1)(x-2)}}$,求 y'。

解:$\ln y=\frac{1}{3}[2\ln(x-1)-\ln(x+1)-\ln(x-2)]$

$$\frac{1}{y}y'=\frac{1}{3}\left(\frac{2}{x-1}-\frac{1}{x+1}-\frac{1}{x-2}\right)$$

$$y'=y\left(\frac{2}{x-1}-\frac{1}{x+1}-\frac{1}{x-2}\right)$$

$$y'=\sqrt[3]{\frac{(x-1)^2}{(x+1)(x-2)}}\left(\frac{2}{x-1}-\frac{1}{x+1}-\frac{1}{x-2}\right)$$

议一议　讲一讲

问题 1:方程 $x^2+2x-y+3=0$,试问:

(1)它是隐函数吗?(2)讲一讲它的求导过程。

问题 2:方程 $e^y=\sin(x+y)$,试问:

(1)它是隐函数吗?(2)讲一讲它的求导过程。

问题 3:方程 $e^y=\sin(x+y)$能用对数求导法求出它的导数吗?

习　题　四

1. 求下列方程所确定的隐函数的导数:

(1)$x^2-2xy+y^2=4$　　(2)$\cos(x-y)=e^{xy}$

(3) $\sin y=\cos(x-y)$　　(4) $\frac{x}{y}=\ln(xy)$

2. 求由下列方程所确定的隐函数在指定点的导数：

(1) $\ln(1+y)=\sin x^2$，点$(\pi,0)$

(2) $x+y=1+e^{xy}$，点$(0,1)$

3. 求下列参数方程所确定的函数的导数：

(1) $\begin{cases}x=t^2-1\\y=2t^2+3t-2\end{cases}$　　(2) $\begin{cases}x=5\cos t\\y=3\sin t\end{cases}$　　(3) $\begin{cases}x=3+4\cos t\\y=-2+4\sin t\end{cases}$

4. 求下列曲线在给定点处的切线方程和法线方程：

$\begin{cases}x=3t+2\\y=t^2-5t+2\end{cases}, t=-2$

5. 用对数求导法求下列函数的导数：

(1) $y=x^x$　　(2) $y=e^{\cos x}$

§3.5 高阶导数

一、显函数的高阶导数

若函数 $y=f(x)$ 的导数 $y'=f'(x)$ 仍然是可导函数，则称 $y'=f'(x)$ 的导数为 $y=f(x)$ 的二阶导数，记作：y''，$f''(x)$ 或 $\frac{d^2y}{dx^2}$，即 $y''=(y')'$，$f''(x)=[f'(x)]'$ 或 $\frac{d^2y}{dx^2}=\frac{d}{dx}(\frac{dy}{dx})$。

类似地，二阶导数的导数称作三阶导数，一般的，$y=f(x)$ 的 $n-1$ 阶导数的导数称作 $y=f(x)$ 的 n 阶导数，$y=f(x)$ 的 n 阶导数可记作 $y^{(n)}$，$f^{(n)}(x)$ 或 $\frac{d^ny}{dx^n}$。

二阶及二阶以上的导数统称为高阶导数，一般把 $y'=f'(x)$ 称为 $y=f(x)$ 的一阶导数。

【例 40】 设 $y=x^4+2x^3-2x+3$，求 $y^{(4)}$，$y^{(5)}$。

解： $y'=4x^3+6x^2-2$，$y''=12x^2+12x$，$y'''=24x+12$，$y^{(4)}=24$，$y^{(5)}=0$

【例 41】 设 $y=e^x$，求 $y^{(n)}$。

解： $y'=e^x$

$y''=e^x$

$y'''=e^x$

…

$y^{(n)}=e^x$

注意： 求显函数的高阶导数，常要进行归纳。

二、隐函数的二阶导数

前面介绍了隐函数的导数的若干方法，若求隐函数的二阶导数，无非是求 $\frac{dy'}{dx}$，其求解方

法与求 y' 类似。

【例 42】 方程 $x^2+y^2=R^2$ 确定了函数 $y=f(x)$，求 y''。

解：先求一阶导数得

$$2x+2yy'=0,y'=-\frac{x}{y}$$

再求二阶导数

$$y''=\frac{\mathrm{d}y'}{\mathrm{d}x}=-\frac{x'y-xy'}{y^2}=\frac{xy'-y}{y^2}$$

将 $y'=-\frac{x}{y}$ 代入 y''，得

$$y''=\frac{x^2+y^2}{y^3}=-\frac{R^2}{y^3}$$

【例 43】 设方程 $x+y=\mathrm{arc}(x-y)$ 确定了函数 $y=f(x)$，求 y''。

解：先求一阶导数得

$$y'=-1-\frac{2}{(x-y)^2}$$

再求二阶导数

$$y''=\frac{\mathrm{d}y'}{\mathrm{d}x}=\frac{4(1-y')}{(x-y)^3}$$

将 $y'=-\frac{x}{y}$ 代入 y''，得

$$y''=\frac{8+8(x-y)^2}{(x-y)^5}$$

三、由参数方程所确定的函数的二阶导数

【例 44】 设方程 $\begin{cases}x=\varphi(t)\\y=f(t)\end{cases}$，确定了函数 $y=f(x)$，求 $y''(x)$。

解：$y'=\frac{\mathrm{d}y}{\mathrm{d}x}=\frac{f'(t)}{\varphi'(t)}$

$$y''=\frac{\mathrm{d}y'}{\mathrm{d}x}=\frac{f''(t)\varphi'(t)-f'(t)\varphi''(t)}{[\varphi'(t)]^3}(\text{其中 }\varphi'(t)\neq 0)$$

【例 45】 设方程 $\begin{cases}x=a\cos t\\y=b\sin t\end{cases}$，确定了函数 $y=f(x)$，求 y''。

解：$y'=\frac{\mathrm{d}y}{\mathrm{d}x}=\frac{b\cos t}{-a\sin t}=-\frac{b}{a}\cot t$

$\mathrm{d}y'=\frac{b}{a}\csc^2 t\mathrm{d}t$

$$y''=\frac{\mathrm{d}y'}{\mathrm{d}x}=\frac{\frac{b}{a}\csc^2 t\mathrm{d}t}{-a\sin t\mathrm{d}t}=-\frac{b}{a^2}\csc^3 t$$

议一议 讲一讲

问题1: 函数 $y=\sin x$,试问:

(1)它的高阶导数有什么规律?(2)讲一讲它的求导过程。

问题2: 函数 $y=\cos x$,试问:

(1)它的高阶导数有什么规律?(2)讲一讲它的求导过程。

问题3: 函数 $y=a_0+a_1x+a_2x^2+\cdots+a_nx^n$($n$ 为正整数),试问:

(1)它的 n 阶导数是什么?(2)讲一讲它的推导过程。

习 题 五

1. 求下列各函数的二阶导数:

(1)$y=e^{2x}$　　(2)$y=3x^2-2x+5$

(3)$y=xe^x$　　(4)$y=\dfrac{2x-1}{3x+2}$

2. 设函数 $y=e^{2x}$,求 $y^{(n)}$。

3. 求下列方程确定的函数 $y=f(x)$的二阶导数:

(1)$x^2-2xy^2+5x=0$　　(2)$2\arctan\dfrac{y}{x}=\ln(x^2+y^2)$

4. 设$\begin{cases}x=3(t+\cos t)\\y=4(1-\sin t)\end{cases}$,求$\left.\dfrac{d^2y}{dx^2}\right|_{t=\frac{\pi}{2}}$。

5. 设$\begin{cases}x=a\cos t\\y=b\sin t\end{cases}$,其中 a,b 为不等于0的常数,求$\dfrac{d^2y}{dx^2}$。

复 习 题

1. 证明:双曲线 $y=\dfrac{1}{x}$上任意一点的切线与两坐标轴所围三角形的面积等于2。

2. 讨论下列函数在指定点处的连续性和可导性。

(1)$f(x)=\begin{cases}x\sin\dfrac{1}{x}, & x\neq 0\\0, & x=0\end{cases}$,在 $x=0$ 点处;

(2)$f(x)=|\sin x|$在点 $x=0$ 点处。

3. 已知曲线 $y=x^3-2x^2+3x-2$,求在点(1,0)处的切线与法线方程。

4. 求下列函数的导数:

(1)$y=\ln\sqrt{x^2+1}$　　(2)$y=\sin e^{x-1}$

(3)$y=e^x\sin x$　　(4)$y=\arctan\sqrt{x}$

(5) $y=(x^2+3x-2)^{20}$　　(6) $y=\dfrac{\ln x}{x}$

(7) $y=\sqrt[4]{\dfrac{x+1}{x-1}}$

5. 设函数 $y=f(x)$ 有二阶导数 $f''(x)$，求下列函数的二阶导数。

(1) $y=f(e^x)$　　(2) $y=(\sin x)^{\cos x}$

6. 设方程 $e^{xy}=\sin y$ 存在隐函数 $y=f(x)$，求 y'。

7. 设 $\begin{cases} x=\sin t \\ y=\cos t-t\sin t \end{cases}$，求 $\dfrac{dy}{dx}$，$\dfrac{d^2y}{dx^2}$。

8. 求曲线 $\begin{cases} x=e^{2t} \\ y=e^{t^2} \end{cases}$，在 $t=0$ 相应点处的切线方程与法线方程。

【阅读材料】

导数在科学上的应用

导数与物理、几何、代数关系密切。在几何中可求切线；在代数中可求瞬时变化率；在物理中可求速度、加速度。

导数亦名纪数、微商（微分中的概念），是由速度变化问题和曲线的切线问题（矢量速度的方向）而抽象出来的数学概念，又称变化率。

如一辆汽车在10h走了600km，它的平均速度是60km/h。但在实际行驶过程中，是有快有慢变化的，不都是60km/h。为了较好地反映汽车在行驶过程中的快慢变化情况，可以缩短时间间隔，设汽车所在位置s与时间t的关系为

$$s=f(t)$$

那么汽车在由时刻t_0变到t_1这段时间内的平均速度为

$$\frac{f(t_1)-f(t_0)}{t_1-t_0}$$

当t_1与t_0很接近时，汽车行驶的快慢变化就不会很大，平均速度就能较好地反映汽车在t_0到t_1这段时间内的运动变化情况。

自然就把当$t_1\to t_0$时的极限$\lim \dfrac{f(t_1)-f(t_0)}{t_1-t_0}$作为汽车在时刻$t_0$的瞬时速度，这就是通常所说的速度。这实际上是由平均速度类比到瞬时速度的过程（如我们驾驶时的限“速”指瞬时速度）。

根据导数的定义可以知道，导数$y'=\dfrac{\mathrm{d}y}{\mathrm{d}x}$，反映的是函数的变化率。在某点处的导数，就是函数在这个点处的变化大小。在物体运动的规律中，反映物体位移的变化率是物体的速度，速度的变化率是加速度。所以位移的导数是速度，速度的导数是加速度。即

$$s'=v, v'=a$$

在汽车运动过程中，所受的合力会受各种因素影响，而发生改变；汽车一般不会做匀速运动或匀加速运动；大多数情况下是作变加速运动，也就是说，汽车的加速度一直在改变，$\sum F=ma$，而在某时刻的加速度就是这个时刻的速度的导数，即

$$a=\frac{\mathrm{d}u}{\mathrm{d}t}$$

所以，在汽车的运动方程中都是用$\frac{du}{dt}$来表示汽车的加速度a，u为行驶速度。如：

(1)汽车的加速阻力

汽车加速行驶时，需要克服汽车质量加速运动时的惯性力，用F_j表示。

$$F_j=\delta m\frac{du}{dt}$$

其中的$\frac{du}{dt}$就是行驶加速度。

(2)汽车的行驶的动力方程

$$F_t=F_f+F_i+F_w+F_j$$

或

$$\frac{T_{tq}i_g i_0\eta_T}{r}=GF+Gi_i+\frac{C_DA}{21.15}u_a^2+\delta m\frac{du}{dt}$$

其中的$\frac{du}{dt}$就是行驶加速度。

汽车动力方程表明了汽车行驶时驱动力和外界阻力之间相互关系。当发动机的转速特性、变速器的传动比、主减速比、传动效率、车轮半径、空气阻力系数、汽车迎风面积以及汽车质量等确定后，可以利用动力方程分析汽车的行驶能力，即可以确定汽车在节流阀全开时可能达到的最高车速、加速能力和爬坡能力。

(3)汽车滚动阻力与空气阻力

汽车滚动阻力与空气阻力可以用滑行试验来确定。滑行试验是汽车加速至某一预定速度，然后摘挡脱开发动机，汽车滑行，直至停车。

滑行时汽车滚动阻力与空气阻力之和为

$$F_f+F_w=m\frac{du}{dt}-\frac{T_r}{r}$$

式中：T_r——滑行时传动系加于驱动轮的摩擦阻力矩；

$\frac{du}{dt}$——行驶减速度。

另外，在汽车油耗和制动距离计算中，也会用到汽车行驶的加速度或减速度，都只能用$\frac{du}{dt}$来表示。

(4)有关压缩比的问题

压缩比的定义就是发动机混合气体被压缩的程度，用压缩前的气缸总容积与压缩后的气缸容积(即燃烧室容积)之比来表示。压缩比大的发动机，燃烧更迅速更充分，瞬时能量的变化率大，发动机做功的速度就快(即功的变化率大)，从而发出的功率越更大，经济性也好一些。压缩比对内燃机性能有多方面的影响。压缩比越高，热效率越高，但随压缩比的增高，热效率增长幅度越来越小。压缩比增高使压缩压力、最高燃烧压力均升高，故使内燃机机械效率下降。汽油机压缩比过高容易产生爆震。柴油机压缩比过低会使压缩终点温度变低，影响冷起动性能。压缩比能使内燃机排气中有害成分(如 NOX、烃类、CO 等)的含量发生变化。现代柴油机的压缩比一般在 12～22 之间，但超高增压柴油机的压缩比可低至 8。几年以前，汽油发动机的压缩为 6～10，但如今普遍都在 9～12 之间。为了满足国四(欧四)

排放标准对于碳排放(即耗油量)的要求,汽车生产厂家普遍都提高了发动机的压缩比至9～12之间,其中,9～10.5主要用于涡轮增压发动机,10.0～12则主要用于自然吸气发动机。

高压缩比发动机可以更好地利用活塞式发动机的做功特点,在做功行程用同样数量的燃油可以爆发出更大的功率,用更小的排量就可以达到以前更大排量的发动机才能做出的功率,亦即高压缩比发动机的升功率和燃油利用率更高。为了满足国家要求自2011年开始,新车必须满足欧四排放的要求,汽车生产厂家同期开始大量地在汽车上装备高压缩比发动机。

发动机压缩比是决定选用汽油标号的最重要参数。学术上,并无十分统一的标准规定什么压缩比用什么样标号的汽油,而且随着爆震传感器和点火提前角自动调整技术的广泛应用,高压缩比汽车也可以使用比较低标号的汽油。

目前,在国际汽车行业的实践中,广泛采用以下的用油标准:

90号汽油——适用于发动机压缩比8.5以下的汽油汽车。

93号汽油——适用于发动机压缩比在8.6～9.9之间的汽油汽车。

97号汽油——适用于发动机压缩比在10.0～11.5之间的汽油汽车。

98号汽油——适用于发动机压缩比在11.6以上的汽油汽车。

值得注意的是,部分汽车4S店有一种误导,那就是鼓励车主尽量用高标号的汽油,这是错误的观念。高标号的油,抗压性好,不易产生爆震,但燃烧速度相对较慢,这会影响到发动机的动力性和发动机机体的温度,燃烧速度慢会使发动机动力下降而温度升高,这对发动机是不好的情况。低标号的油,燃烧速度较快,但抗压能力又不够,容易形成爆震。

因此,在有效消除爆震的前提下,用低标号的油,会比用高标号的油动力更好,更省油,对发动机的温度、润滑等都有好处。

因此,正确的做法是:什么样的油能使你的车动力最好,又最省油,就是你的车最适合的油。如果用对了油,不仅动力上升,又省油,发动机声音平顺平和,发动机温度适中,润滑良好。

(5)有关发动机功率的问题

扭矩是使物体产生转动的力。发动机的扭矩就是指发动机从曲轴端输出的力矩。在功率稳定的条件下它与发动机转速成反比关系,转速越快扭矩越小,反之越大,它反映了汽车在一定范畴内的负载能力。

发动机通过飞轮对外输出的扭矩称为有效扭矩,用T_e体现,单位为N·m。有效扭矩与外界施加于发动机曲轴上的阻力矩相平衡。发动机通过飞轮对外输出的功率称为有效功率,用P_e体现,单位为kW。它即是有效转矩与曲轴角速度的乘积。

所谓发动机功率Ne是指单位时间曲轴对外输出的功。它表示发动机的工作能力。发动机的有效功率可以用台架试验测定,即用测功器测定有效转矩和曲轴角速度,然后运用以下的公式便可计算出发动机的有效功率。

$$P_e=T_e\cdot n/9550(\text{kW})$$

式中:T_e——有效转矩(N·m);

n——发动机转速(r/min)。

有效扭矩的最大值称为最大转矩,有效功率的最大值称为最大功率。

关于扭矩和功率的含义，通俗一点讲，扭矩好比百米赛跑选手在起跑点蹲撑，蓄势待发，准备冲向前那一刹那的冲劲；而功率就是维持这股劲可以越跑越快，一直跑到终点的能力。增大发动机的排量，就能提高 T_e 和 P_e。为了增大发动机排量，可增加气缸数（如 3 缸变 4 缸），或者增加单位气缸的容积（如增大气缸内径）。

最大功率用马力(PS)或千瓦(kW)表示。发动机的输出功率同转速是相关的，一般说随着转速的增加，发动机的功率也相应提高，但是到了一定转速后，功率反而呈下降趋势，最大功率说明什么？应该是说明车子能达到的最高车速。

汽车发动机的功率也可以通过控制油门改变供油量来改变。加大油门就增大了瞬时能量的变化率，从而也可加大功率，减小油门可减小功率；油门调节到最大，其功率达到最大。

简单地说：发动机的扭矩象征其气缸一口气所能吸进的油气量，这个吸气量是会随油门开度的加大和发动机转速的逐渐升高而增加的，但是它不会一直变大上去，到了某一转速它就会到达顶峰，这就是平时人们所说的最大扭矩。发动机的转速再上升，它就会逐渐下降，这是汽油发动机等内燃机在扭矩上的特色。功率即是扭矩乘以转速，它象征在单位时间里发动机可吸进的油气量。所以，当发动机转速逐渐上升到最大扭矩点时，每口气吸进的油气量和单位时间里的吸气次数都在增加，因此功率一直上升；当转速超出最大扭矩点后，尽管每口气吸进的油气量减少，但由于降幅不大且吸气次数在增加，所以一直增加到最大功率点为止；当转速超出最大功率点后，每口气吸进的油气量减少幅度要大于吸气次数的增加幅度，所以功率开始减少。汽车所要求的发动机动力性指标 T_e 和 P_e 是在一定转速下得到的。差别汽车的使用要求不一样，车速也不一样（如载货汽车和轿车使用的车速就不一样），所对应的发动机转速就不一样，因此差别用途的发动机，即便在有效功率相等的情况下，它们所对应的转速也是不一样的，反言之即功率相等的发动机并不相符所有车型的要求，还务必在考虑功率和扭矩的同时看其所对应的转速，这样才能全面看出发动机的动力性能指标 T_e 和 P_e 是否相符要求。

而 T_e 和 P_e 这两项动力性指标并不是直接用来评价差别排量发动机的优劣或强化水平，即不是功率和扭矩大的发动机就好或强化水平就高，而是要看单位气缸劳动容积所发出的功率和扭矩。

TL 和 PL 就是体现单位气缸劳动容积的扭矩和功率，使用这两项指标才能比较出差别发动机的优劣或强化水平。

第4章 微分中值定理与导数的应用

学习目标

1. 了解罗尔定理、拉格朗日中值定理；

2. 掌握用洛必达法则求未定式极限的方法；

3. 理解函数的极值概念，掌握用导数判断函数的单调性和求函数极值的方法，掌握函数最大值和最小值的求法及其简单应用；

4. 会用二阶导数判断函数图形的凹凸性，会求函数图形的拐点以及水平、垂直渐近线，会描绘函数的图形；

5. 应用导数理论解决简单的实际问题。

§4.1 微分中值定理和洛必达法则

一、罗尔定理

定理1 设函数 $f(x)$满足：

(1)在闭区间$[a,b]$上连续；

(2)在开区间(a,b)上可导；

(3)$f(a)=f(b)$。

则至少存在一点 $\xi\in(a,b)$，使得 $f'(\xi)=0$。

罗尔定理也有十分明显的几何意义。设曲线弧$\overset{\frown}{AB}$(图4-1)的方程为 $y=f(x)(a\leqslant x\leqslant b)$。罗尔定理的条件在几何上表示：$\overset{\frown}{AB}$是一条连续的曲线弧，除了端点外处处有不垂直于 x 轴的切线，并且两个端点的纵坐标相同。定理结论表述了这样的几何事实，曲线弧$\overset{\frown}{AB}$上至少有一点C，在这点处曲线的切线是水平的，即罗尔定理的几何意义是：当曲线弧在$[a,b]$上为连续弧段，在(a,b)内曲线弧上每一点均有不垂直于 x 轴的切线，并且曲线弧两个端点的纵坐标相同，那么曲线弧上至少有一点有切线平行于 x 轴，如图4-1所示。

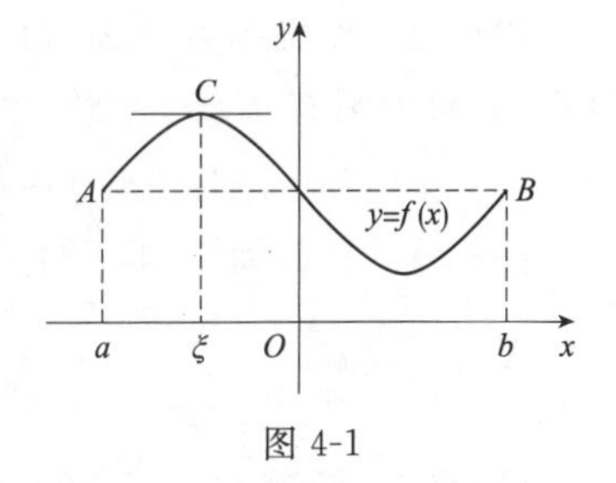

图4-1

有必要指出，罗尔定理中的三个条件缺一不可。条件(1)保证了函数 $f(x)$的最大值与最小值的存在性；条件(3)保证了最大值与最小值中至少有一个在开区间内取得，从而是极值；条件(2)保证了该极值点处函数的可导性。因此，如果缺少这三个条件中的任何一个，定理都将不成立。读者不妨自己举些反例加以验证。

【例 1】 在区间$[-1,1]$上满足罗尔定理条件的函数是(　　)。

A. $y=\frac{\sin x}{x}$　　B. $y=(x+1)^2$　　C. $y=x$　　D. $y=x^2+1$

解:因为 $y=\frac{\sin x}{x}$在 $x=0$ 处没定义,所以不连续,故 $y=\frac{\sin x}{x}$在区间$[-1,1]$上不满足罗尔定理的条件。

虽然 $y=(x+1)^2$ 和 $y=x$ 在区间$[-1,1]$上连续,且在开区间$(-1,1)$内可导,但这两个函数在端点-1 和 1 处的函数值不相等,所以也不满足罗尔定理的条件。

函数 $y=x^2+1$ 显然在闭区间$[-1,1]$上连续,在开区间$(-1,1)$内可导,并且 $y(-1)=y(1)=2$,所以满足罗尔定理的条件。

综上所述,选择 D。

二、拉格朗日中值定理

定理 2 如果函数 $f(x)$满足:

(1)在闭区间$[a,b]$上连续;

(2)在开区间(a,b)上可导。

则至少存在一点 $\xi\in(a,b)$,使得

$$f'(\xi)=\frac{f(b)-f(a)}{b-a}$$

或

$$f(b)-f(a)=f'(\xi)(b-a)。$$

拉格朗日中值定理的几何意义是:如果$[a,b]$上的连续曲线,除了端点外处处有不垂直于 x 轴有切线,那么在曲线弧上至少有一点$(\xi,f(\xi))$,曲线在该点处的切线平行于过曲线弧两个端点的弦,如图 4-2 所示。

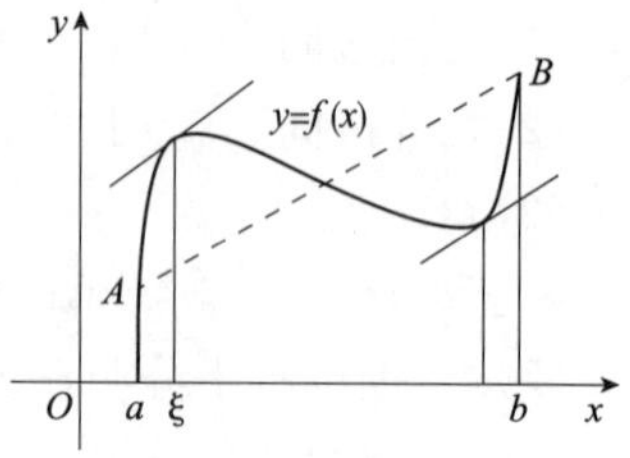

图 4-2

推论 1 设函数 $f(x)$在闭区间$[a,b]$上连续,若在开区间(a,b)内恒有 $f'(x)=0$,则函数 $f(x)$在(a,b)内恒为常数。

推论 2 如果函数 $f(x)$和 $g(x)$在闭区间$[a,b]$上连续,且在(a,b)内恒有 $f'(x)=g'(x)$,那么

$f(x)=g(x)+C$,任意 $x\in(a,b)$,其中 C 为某个常数。

【例 2】 在区间$[-1,1]$上满足拉格朗日中值定理条件的是(　　)。

A. $y=\sqrt[3]{x^2}$　　B. $y=\ln(1+x^2)$　　C. $y=\frac{\cos x}{x}$　　D. $y=\frac{1}{1-x^2}$

解:显然,函数 $y=\frac{\cos x}{x}$在 $x=0$ 处不连续,而函数 $y=\frac{1}{1-x^2}$在端点 $x=\pm1$ 处没有定义,从而不连续,因此它们在区间$[-1,1]$上都不满足拉格朗日中值定理条件。

函数 $y=\sqrt[3]{x^2}$虽然在区间区间$[-1,1]$上连续,但是在 $x=0$ 处不可导(可以用导数的定义来讨论)。因此它也不满足拉格朗日中值定理。

而函数 $y=\ln(1+x^2)$是初等函数,在它的定义域$(-\infty,+\infty)$内连续,所以在区间

$[-1,1]$上连续，并且函数 $y=\ln(1+x^2)$是可导的函数(讨论它的导数是什么?)，它满足拉格朗日中值定理。故选 B。

三、洛必达法则

1. $\frac{0}{0}$型和$\frac{\infty}{\infty}$型洛必达法则

如果当 $x\to a$(或 $x\to\infty$)时，函数 $f(x)$和 $g(x)$均趋于零或∞，那么极限 $\lim\limits_{\substack{x\to a\\(x\to\infty)}}\frac{f(x)}{g(x)}$可能存在，也可能不存在。通常分别称这两种极限为$\frac{0}{0}$型或$\frac{\infty}{\infty}$型未定式。对于这样的极限，即使存在也无法直接利用极限的商的法则来求解。下面介绍计算这类极限的一种有效简便的方法——洛必达(L'Hospital)法则。

定理 3 如果函数 $f(x)$和 $g(x)$满足下列条件:

(1)$\lim\limits_{x\to a}f(x)=\lim\limits_{x\to a}g(x)=0$(或$\infty$);

(2)在点的某去心邻域内 $f(x)$和 $g(x)$可导，并且 $g(x)'\neq 0$;

(3)$\lim\limits_{\substack{x\to a\\(x\to\infty)}}\frac{f'(x)}{g'(x)}$存在或为$\infty$，那么 $\lim\limits_{\substack{x\to a\\(x\to\infty)}}\frac{f(x)}{g(x)}=\lim\limits_{\substack{x\to a\\(x\to\infty)}}\frac{f'(x)}{g'(x)}=k$(或$\infty$)，其中 k 是常数。

特别说明:若使用一次洛必达法则后，仍未求出极限，而函数 $f'(x)$和 $g'(x)$仍满足定理 3 的条件，则可继续使用洛必达法则，即 $\lim\limits_{\substack{x\to a\\(x\to\infty)}}\frac{f(x)}{g(x)}=\lim\limits_{\substack{x\to a\\(x\to\infty)}}\frac{f'(x)}{g'(x)}=\lim\limits_{\substack{x\to a\\(x\to\infty)}}\frac{f''(x)}{g''(x)}$。

【例 3】 求极限 $\lim\limits_{x\to 1}\frac{x^2-1}{\sqrt{x}-1}$。

解:当 $x\to 1$ 时，所求极限是$\frac{0}{0}$型未定式，由洛必达法则得

$$\lim_{x\to 1}\frac{x^2-1}{\sqrt{x}-1}\overset{\frac{0}{0}}{=}\lim_{x\to 1}\frac{(x^2-1)'}{(\sqrt{x}-1)'}=\lim_{x\to 1}\frac{2x}{\frac{1}{2\sqrt{x}}}=4$$

2. 其他类型的未定式

除了上述$\frac{0}{0}$和$\frac{\infty}{\infty}$型未定式外，还有 $0\cdot\infty$，$\infty-\infty$，0^0，1^∞，∞^0 等类型未定式，所谓$0\cdot\infty$型未定式，是指形如 $\lim\limits_{x\to a}f(x)\cdot g(x)$的极限中，$\lim\limits_{x\to a}f(x)=0$，$\lim\limits_{x\to a}g(x)=\infty$。以此可理解其他几种类型的未定式。

【例 4】 求极限 $\lim\limits_{x\to 0^+}x\ln x$。

解:当 $x\to 0^+$ 时，$x\to 0$ 而 $\ln x\to-\infty$，所以这是一个 $0\cdot\infty$型未定式。我们可以把它转化为$\frac{\infty}{\infty}$型未定式。

$$\lim_{x\to 0^+}x\ln x=\lim_{x\to 0^+}\frac{\ln x}{\frac{1}{x}}=\lim_{x\to 0^+}\frac{(\ln x)'}{\left(\frac{1}{x}\right)'}=\lim_{x\to 0^+}(-x)=0$$

【例 5】 求极限 $\lim\limits_{x\to 0^+}x^{\sin x}$。

解:这是 0^0 型未定式,由于 $x^{\sin x}=e^{\sin x\ln x}$,所以 $\lim\limits_{x\to0^+}x^{\sin x}=\lim\limits_{x\to0^+}e^{\sin x\ln x}=e^{\lim\limits_{x\to0^+}\sin x\ln x}$,而

$$\lim_{x\to0^+}\sin x\ln x\overset{0\cdot\infty}{=\!=\!=}\lim_{x\to0^+}\frac{\ln x}{\csc x}\overset{\frac{\infty}{\infty}}{=\!=}\lim_{x\to0^+}\frac{\frac{1}{x}}{-\csc x\cot x}=-\lim_{x\to0^+}\frac{\sin x}{x}\tan x=0$$

所以有 $\lim\limits_{x\to0^+}x^{\sin x}=\lim\limits_{x\to0^+}e^{\sin x\ln x}=e^{\lim\limits_{x\to0^+}\sin x\ln x}=e^0=1$

议一议　讲一讲

问题 1:极限 $\lim\limits_{x\to1}\frac{x^3-3x+2}{x^3-x^2-x+1}$,试问:

(1)它是属于什么类型的未定式?(2)讲一讲它的运算过程。

问题 2:极限 $\lim\limits_{x\to+\infty}\frac{\ln x}{x}$,试问:

(1)它是属于什么类型的未定式?(2)讲一讲它的运算过程。

问题 3:你能用洛必达法则来验证两个重要极限吗?

(1)它们分别是属于什么类型的未定式?(2)讲一讲运算过程。

习　题　一

1. 选择题

(1)设 $a\neq0$,极限 $\lim\limits_{x\to a}\frac{x^n-a^n}{x^m-a^m}=($　　$)$。

A. $\frac{n}{m}$　　B. $\frac{m}{n}$　　C $\frac{m}{n}a^{m-n}$　　D. $\frac{n}{m}a^{n-m}$

(2)$\lim\limits_{x\to\pi}\frac{\sin x}{\pi-x}=($　　$)$。

A. 0　　B. -1　　C. 1　　D. ∞

2. 计算下列极限:

(1)$\lim\limits_{x\to0}\frac{e^x-e^{-x}}{\sin x}$　　(2)$\lim\limits_{x\to\pi}\frac{\sin2x}{\tan5x}$　　(3)$\lim\limits_{x\to+\infty}\frac{\ln(1+x)}{\ln(1+x^2)}$

(4)$\lim\limits_{x\to0}\frac{\ln(1+2x)}{\tan2x}$　　(5)$\lim\limits_{x\to\infty}x^{\frac{1}{x}}$　　(6)$\lim\limits_{x\to0}x\cot3x$

§4.2　函数的单调性与函数的极值

一、函数的单调性

由几何图形可以直观地观察到,如果函数 $y=f(x)$ 在区间 $[a,b]$ 上单调增加,那么它的

图形是一条随 x 增大而上升的曲线；如果此曲线上处处有非垂直的切线，那么曲线上各点处的切线斜率非负，即 $f'(x)\geqslant 0$，如图 4-3a)所示。同样地，如果函数 $y=f(x)$ 在区间 $[a,b]$ 上单调减少，那么它的图形是一条随 x 增大而下降的曲线；如果此曲线上处处有非垂直的切线，那么曲线上各点处的切线的斜率非正，即 $f'(x)\leqslant 0$，如图 4-3b)所示。这也很容易从导数以及函数的单调性的定义推出。

反过来，能否利用导数的符号来判定函数的单调性呢？回答是肯定的。于是，我们有以下的定理。

定理 4　如果函数 $f(x)$ 在闭区间 $[a,b]$ 上连续，在开区间 (a,b) 上可导。

(1)如果在 (a,b) 内 $f'(x)>0$，那么函数 $f(x)$ 在 $[a,b]$ 上单调增加；

(2)如果在 (a,b) 内 $f'(x)<0$，那么函数 $f(x)$ 在 $[a,b]$ 上单调减少。

如果将定理中的闭区间 $[a,b]$ 换为开区间、半开半闭区间、无穷区间，仍有类似结果。如果将定理中的条件"$f'(x)>0(<0)$"改为"$f'(x)\geqslant 0(\leqslant 0)$，但只在有限个点处的导数值等于零"，定理仍然成立。

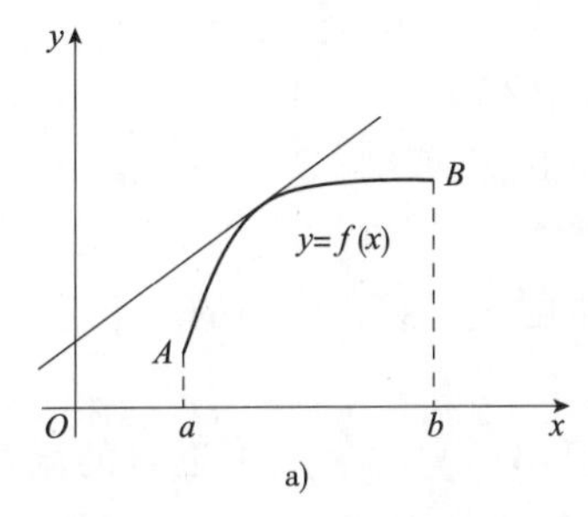

a)

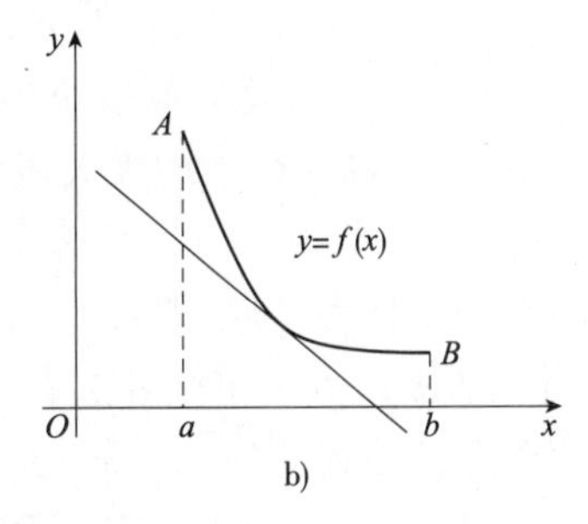

b)

图 4-3

【例 6】　讨论函数 $f(x)=x-\sin x$ 在 $[0,2\pi]$ 上的单调性。

解：因为函数 $f(x)=x-\sin x$ 在 $[0,2\pi]$ 上连续且在 $(0,2\pi)$ 内可导，当 $x\in(0,2\pi)$ 时

$$f'(x)=1-\cos x>0$$

因此，函数 $f(x)$ 在区间 $[a,b]$ 上是单调增加的。

【例 7】　讨论函数 $f(x)=3x-x^3$ 的单调性。

解：函数 $f(x)=3x-x^3$ 的定义域为 $(-\infty,+\infty)$，且在定义域内可导，而

$$f'(x)=3-3x^2=3(1-x)(1+x)$$

因此，当 $x<-1$ 时，$f'(x)<0$，从而 $f(x)$ 在 $(-\infty,-1)$ 内单调减少；当 $-1<x<1$ 时，$f'(x)>0$，从而 $f(x)$ 在 $(-1,1)$ 内单调增加；当 $x>1$ 时，$f'(x)<0$，从而 $f(x)$ 在 $(1,+\infty)$ 内单调减少。

为讨论方便，表 4-1 列出 $f'(x)$ 在单调区间上的符号以及 $f(x)$ 在单调区间上增加或减少的变化情况(表中记号↗表示单调增加，记号↘表示单调减少)。

变　化　情　况　　　表 4-1

x	$(-\infty,-1)$	-1	$(-1,1)$	1	$(1,+\infty)$
$f'(x)$	$-$	0	$+$	0	$-$
$f(x)$	↘	-2	↗	2	↘

导数为零的点可能是单调区间的分界点，导数不存在的点也可能是单调区间的分界点（例如函数 $f(x)=|x|$ 在 $x=0$ 处）。

二、函数的极值

定理 5 （费马定理）若函数 $f(x)$ 在 x_0 处可导，并且在 x_0 的某邻域内恒有

$$f(x)\leqslant f(x_0) \text{ 或 } f(x)\geqslant f(x_0)$$

则

$$f'(x_0)=0$$

导数的几何意义是切线的斜率，而切线水平的充分必要条件是斜率为零。费马定理的几何意义是：如果 $f(x_0)$ 在 x_0 的某邻域内的最大值或最小值，并且曲线 $y=f(x)$ 在点 $(x_0,f(x_0))$ 处有切线，则切线一定是水平的（图 4-4）。如果在 x_0 的某邻域内恒有

$$f(x)\leqslant f(x_0) \text{ 或 } f(x)\geqslant f(x_0)$$

则称 $f(x_0)$ 是 $f(x)$ 的一个极大值或极小值，极大值和极小值统称极值。而 x_0 称为函数的极大值点或极小值点，它们统称极值点。

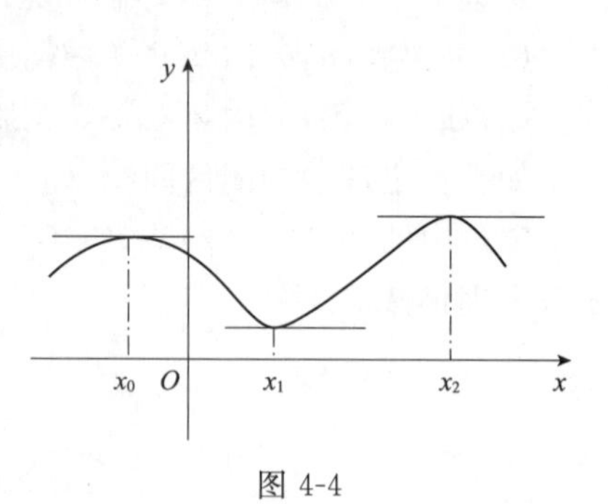

图 4-4

导数为零的点通常称为驻点，即若 $f'(x_0)=0$，则 x_0 称为 $f(x)$ 的一个驻点。因此，定理 5 又可表述为：可导的极值点一定是驻点。

函数的极值概念是局部性的。$f(x_0)$ 是极大值，只是与 x_0 的附近点的函数值相比是最大的，但在整个定义域内，$f(x_0)$ 不一定是最大的，甚至极大值有可能小于另外一个极小值。同样，极小值也类似。

定理 6 （极值的必要条件）若函数 $f(x)$ 在 x_0 处可导，且在 x_0 处有极值，则必有

$$f'(x_0)=0$$

以上定理只说明可导函数的极值点必定是驻点。反之，驻点不一定是函数的极值点（例如函数 $y=x^3$ 在 $x=0$ 处）。

特别地，导数不存在的点也有可能是函数的极值点。例如，函数 $f(x)=|x|$，在 $x=0$ 处的导数不存在，但 $f(0)=0$ 却是 $f(x)=|x|$ 的一个极小值。

定理 7 （极值的充分条件）若函数 $f(x)$ 在 x_0 的邻域 $(x_0-\delta,x_0+\delta)$ 内连续，在去心邻域内可导。则在该邻域内有：

(1)当 $x<x_0$ 时，$f'(x)>0$，当 $x>x_0$ 时，$f'(x)<0$，则 $f(x)$ 在 x_0 处取得极大值，x_0 为极大值点；

(2)当 $x<x_0$ 时，$f'(x)<0$，当 $x>x_0$ 时，$f'(x)>0$，则 $f(x)$ 在 x_0 处取得极小值，x_0 为极小值点；

(3)当 $x<x_0$ 变化到 $x>x_0$ 时，$f'(x)$ 的符号没有改变，则在 x_0 处没有极值。

根据定理 6 和定理 7 可知，如果函数在讨论的区间内可导，则求函数的极值点和极值的一般步骤是：

(1)确定函数的定义域；

(2)求导数 $f'(x)$，确定 $f(x)$的驻点和导数不存在点；

(3)用驻点和导数不存在点划分函数的定义域并列表，根据定理 7 确定极值点，并判定其是极大值点还是极小值点；

(4)求出各极值点处的函数值，即得到函数的极值；

(5)同时还可以得到函数的所有单调区间。

有时我们也用以下定理来判定函数的极值。

定理 8 设函数 $f(x)$在 x_0 点具有二阶导数，且 $f'(x_0)=0$。则：

(1)当 $f''(x_0)<0$ 时，函数 $f(x)$在 x_0点取极大值；

(2)当 $f''(x_0)>0$ 时，函数 $f(x)$在 x_0点取极小值；

(3)当 $f''(x_0)=0$ 时，其情形不一定，可由定理 7 来判定。

【例 8】 求函数 $y=x^3-3x+1$ 的极值。

解:此函数在定义域$(-\infty,+\infty)$内可导，其导数为

$$y'=3x^2-3=3(x-1)(x+1)$$

令 $y'=0$ 得驻点 $x_1=-1,x_2=1$。

列表考察 y'的符号及极值，见表 4-2 所列。

y'的符号及极值 表 4-2

x	$(-\infty,-1)$	-1	$(-1,1)$	1	$(1,+\infty)$
y'	+	0	−	0	+
y	↗	极大值 $y(-1)=3$	↘	极小值 $y(1)=-3$	↗

议一议 讲一讲

问题 1:$f'(x_0)=0$ 是可导函数 $f(x)$在 x_0点处取得极值的(　　)。

A.充分条件　B.必要条件　C.充要条件　D.以上均不正确

问题 2:$f'(x_0)=0$ 是函数 $f(x)$在 x_0点处取得极值的(　　)。

A.充分条件　B.必要条件　C.充要条件　D.以上均不正确

问题 3:要使函数 $f(x)=ax^3-x$ 在 $x=1$ 点处取得极值，讨论 a 的值。

习 题 二

1.用定理 4 说明函数 $f(x)=\frac{1}{2}(e^x-e^{-x})$在区间$(-1,1)$内是单调增函数还是单调减函数?

2.确定下列函数的单调区间：

(1)$f(x)=2x^3-6x^2-18x+7$　　(2)$f(x)=x\ln x$

3. 计算下列的极值点和极值：

(1) $f(x)=2x^3-6x^2-18x+3$　　(2) $f(x)=x-\ln x$

(3) $f(x)=2e^x+e^{-x}$　　(4) $f(x)=\sin x+\cos x, x\in[0,2\pi]$

4. 试问 a 为何值时，函数 $f(x)=a\sin x+\frac{1}{3}\sin 3x$ 在点 $x=\frac{\pi}{3}$ 处取得极值？

§4.3　函数的最大值与函数的最小值

许多生产活动、科学技术实践乃至军事活动中常常会遇到这样一类问题：在一定条件下，怎样才能使“产量最大”、“用料最省”、“成本最低”、“利润最高”等，这类问题在数学上往往可以归结为某个函数的最大值或最小值问题。

假定函数 $f(x)$ 在闭区间 $[a,b]$ 上连续，则它在该区间上一定有最大值和最小值。但是，在所设条件下，$f(x)$ 在闭区间 $[a,b]$ 上的最大值和最小值只可能在极值点或区间的端点处取得。又因为极值点只能在函数的驻点或导数不存在点中去寻找，因此，只需求出这些点处的函数值，再比较大小，最大者为最大值，而最小者为最小值。具体步骤如下：

(1)求出 $f(x)$ 在 (a,b) 上的所有驻点和不可导点；

(2)求出驻点、不可导点以及闭区间 $[a,b]$ 端点的函数值；

(3)比较以上函数值，最大的即为最大值，最小的即为最小值。

【例 9】 求函数 $f(x)=x^4-8x^2+5$ 在区间 $[-1,3]$ 上的最大值与最小值。

解：函数 $f(x)=x^4-8x^2+5$ 在区间 $[-1,3]$ 上连续，在区间 $(-1,3)$ 上可导，并且

$$f'(x)=4x^3-16x=4x(x-2)(x+2)$$

令 $f'(x)=0$ 得驻点：$x_1=0$ 和 $x_2=2$[$x=-2\notin(-1,3)$，舍去]。又因为

$$f(-1)=-2,\quad f(0)=5, f(2)=-11, f(3)=14$$

所以，函数 $f(x)=x^4-8x^2+5$ 在区间 $[-1,3]$ 上的最大值为 $f(3)=14$，最小值为 $f(2)=-11$。

【例 10】 汽修厂要做一个无盖的方形漏油托盘，设有一块边长为 m 的正方形铁皮，从 4 个角各截去大小一样的小正方形，作为一个漏油托盘。试问截去边长为多少的小正方形时方能使做成的漏油托盘的容积最大。

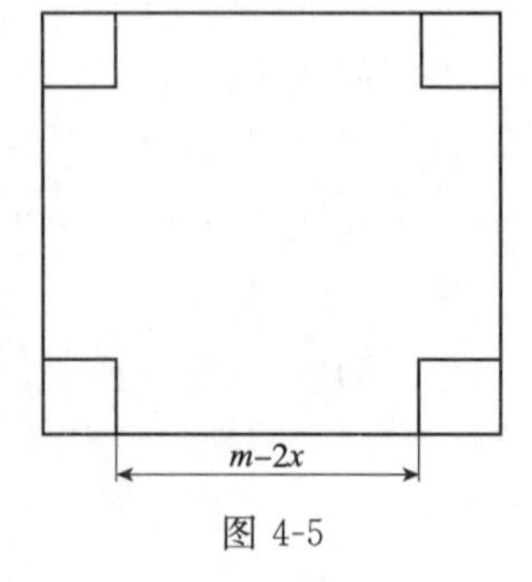

图 4-5

解：设截去的小正方形的边长为 x(图 4-5)，则做成的漏油托盘的容积为

$$y=(m-2x)^2x\qquad\left(0<x<\frac{m}{2}\right)$$

于是问题转化为求函数 $y=(m-2x)^2x$ 在 $\left(0,\frac{m}{2}\right)$ 上的最大值问题。因为

$$y'=2(m-2x)(-2)x+(m-2x)^2=(m-2x)(m-6x)$$

令 $y'=0$ 得函数在 $\left(0,\frac{m}{2}\right)$ 上的唯一驻点 $x=\frac{m}{6}$[$x=\frac{m}{2}\notin\left(0,\frac{m}{2}\right)$舍去]。

当 $0<x<\frac{m}{6}$ 时，$y'>0$，y 是增函数；而当 $\frac{m}{6}<x<\frac{m}{2}$ 时，$y'<0$，y 是减函数。因此，在点 $x=\frac{m}{6}$ 处 $y(x)$ 取得最大值，即容积最大，最大容积为 $y(\frac{m}{6})=\frac{2}{27}m^3$。

对于求实际问题中的最大值与最小值，首先应该建立函数关系，也就是我们所说的建立函数模型或目标函数，然后求出目标函数在定义域区间内的驻点和不可导点，最后比较这些点和端点处的函数值确定函数的最大值或最小值。特别地，若目标函数的驻点(或不可导点)唯一，且实际问题表明函数的最大值或最小值存在，并且不能在定义区间的端点处达到，则所求驻点或不可导点就是函数的最大值或最小值点。因此，我们在解决此类问题时，只要求出驻点或不可导点，再求出此点的函数值，由实际问题就可断定是最大值或最小值。

习　题　三

1. 求下列函数在所给区间上的最大值和最小值：

(1) $f(x)=3x^4-16x^3+30x^2-24x+4, x\in[0,3]$

(2) $f(x)=2x^3-3x^2, x\in[-1,4]$

(3) $f(x)=x+\frac{4}{x}, x\in(0,+\infty)$

2. 某公路隧道的截面上半部分为一半圆，下半部分为矩形，截面面积为 12m^2，试问：当底宽为多少时才能使周长最小，从而使建造时用料少？

§4.4　函数图形的描绘

一、曲线的凹凸性和拐点

我们已经讨论了函数的单调性和函数的极值，这对研究函数的性态有很大的帮助，但是如果我们还要画出函数的图像，仅凭以上两个函数性态是远远不够的，下面介绍曲线的凹凸性和拐点。

从图 4-6 中我们可以看到弧 $\overset{\frown}{ABC}$ 是凸的，曲线位于这段弧任一点的切线下方，弧 $\overset{\frown}{CDE}$ 是凹的，曲线位于这段弧任一点的切线上方。曲线从凸变化到凹的过程中，要经过一点 C，而 C 点是凸的凹的分界点，我们称为曲线的拐点。

如果函数 $f(x)$ 的图形是凸的(弧 $\overset{\frown}{ABC}$)，那么随着切点向右移动，切线的斜率不断减少，也就是说，$f'(x)$ 在这一区间上是单调减少的；如果函数 $f(x)$ 的图形是凹的(弧 $\overset{\frown}{CDE}$)，那么随着切点向右移动，切线的斜率不断增加，也就是说，$f'(x)$ 在这一区间上是单调增加的。因此，怎样用严格的数学定理来判断曲线的凹凸的拐点呢，可用下面的定理。

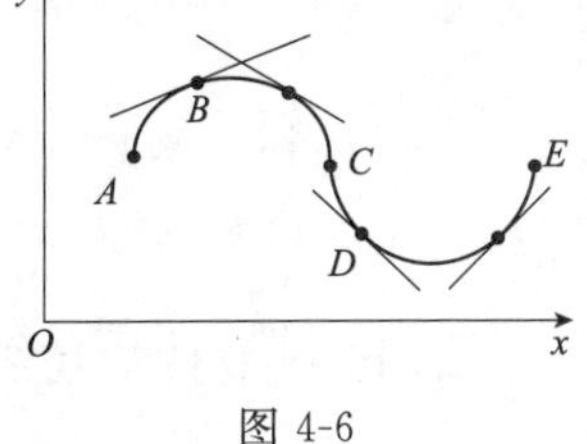

图 4-6

定理 9　设函数 $f(x)$ 在闭区间 $[a,b]$ 上连续，在 (a,b) 内有二阶导数。

(1)若在 $f(x)$在(a,b)内 $f''(x)>0$,则函数 $f(x)$在$[a,b]$上的图形是凹的;

(2)若在 $f(x)$在(a,b)内 $f''(x)<0$,则函数 $f(x)$在$[a,b]$上的图形是凸的。

【例 11】 判定函数的 $y=x^2$ 和函数 $y=\sqrt{x}$的凹凸性。

解:(1)$y=x^2$并且

$$y' = 2x \Rightarrow y'' = 2 > 0$$

所以函数 $y=x^2$在定义域$(-\infty,+\infty)$上的图像是凹的。

(2)$y=\sqrt{x}$在定义域$[0,+\infty)$上连续,并且在$(0,+\infty)$上有二阶导数。

$$y' = \frac{1}{2\sqrt{x}} \Rightarrow y'' = -\frac{1}{4\sqrt{x^3}} < 0(x \in (0,+\infty))$$

所以函数 $y=\sqrt{x}$在定义域$[0,+\infty)$上的图像是凸的,如图 4-7 所示。

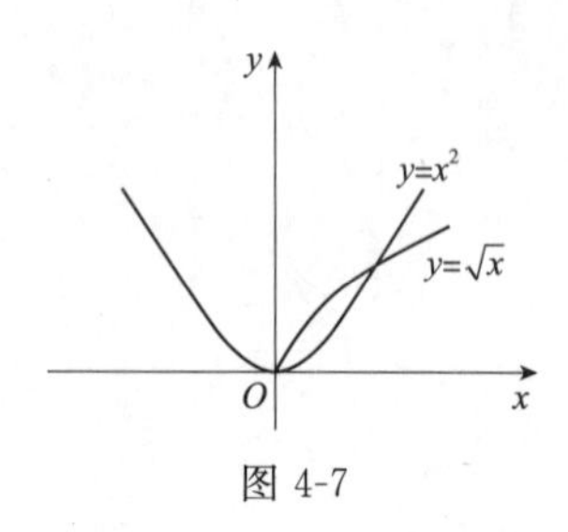

图 4-7

由定理 9 可知,由 $f''(x)$的符号可判断函数图像的凹凸性。若 $f''(x)$连续,当 $f''(x)$的符号由正变负或由负变正的过程中,必定有一点 x_0,使 $f''(x_0)=0$,那么点$(x_0,f''(x_0))$就是图像的一个拐点;另外,二阶导数不存在的点也有可能是图像的拐点。因此,确定函数图像的拐点的方法如下:

(1)确定函数 $y=f(x)$的定义域并求出 $f'(x)$,$f''(x)$;

(2)令 $f''(x)=0$,并求出其解,再确定 $f''(x)$不存在的点,确定函数图像的可能的拐点 x_0;

(3)考察 $f''(x)$在 x_0点左右邻近两侧的符号。当左右两侧符号改变时,x_0为拐点;当左右两侧的符号不变时,x_0不是拐点。

【例 12】 讨论函数 $y=x^3-3x$ 的凹凸性和拐点。

解:函数 $y=x^3-3x$ 在其定义域内$(-\infty,+\infty)$内连续、二阶可导,并且

$$y' = 3x^2 - 3, \qquad y'' = 6x$$

令 $y''=0$ 得 $x=0$,像讨论函数极值一样,我们把有关信息列于表 4-3。

凹凸性和拐点 表 4-3

x	$(-\infty,0)$	0	$(0,+\infty)$
y''	−	0	+
y	凸	对应拐点	凹

从表 4-3 可得:函数 $y=x^3-3x$ 的凸区间是$(-\infty,0)$,凹区间是$(0,+\infty)$,拐点是$(0,0)$。

议一议 讲一讲

问题:讨论函数 $y=x^3$ 的图像的凹凸性和拐点。

二、曲线的渐近线

有了函数的单调性、函数的极值、函数图像的凹凸性和拐点,可以比较清楚地了解函数

图像的基本性态，但要更精确地认识函数的图像，还必须了解其他信息，下面介绍曲线渐近线的概念。我们这里仅介绍水平渐近线和垂直渐近线。

定义 (1)若 $\lim\limits_{x\to\infty}f(x)=c$(或 $\lim\limits_{x\to-\infty}f(x)=c$ 或 $\lim\limits_{x\to+\infty}f(x)=c$)，则称直线 $y=c$ 为曲线 $y=f(x)$ 的水平渐近线；

(2)若 $\lim\limits_{x\to a}f(x)=\infty$(或 $\lim\limits_{x\to a^-}f(x)=\infty$ 或 $\lim\limits_{x\to a^+}f(x)=\infty$)，则称直线 $x=a$ 为曲线 $y=f(x)$ 的垂直渐近线。

例如，因为 $\lim\limits_{x\to\infty}\dfrac{1}{x}=0$，$\lim\limits_{x\to 0}\dfrac{1}{x}=\infty$，所以直线 $y=0$(x 轴)是反比例函数 $y=\dfrac{1}{x}$ 的水平渐近线；而 $x=0$(y 轴)是反比例函数 $y=\dfrac{1}{x}$ 的垂直渐近线。

【例 13】 讨论函数 $y=\dfrac{x^2}{x^2-x-2}$ 的渐近线。

解： 令 $x^2-x-2=0$，得 $x=-1,2$。所以当 $x=-1$ 和 $x=2$ 时，函数没有定义，而

$$\lim_{x\to -1}\frac{x^2}{x^2-x-2}=\lim_{x\to 2}\frac{x^2}{x^2-x-2}=\infty$$

故直线 $x=-1$ 和 $x=2$ 为曲线的垂直渐近线。又因为

$$\lim_{x\to\infty}\frac{x^2}{x^2-x-2}=\lim_{x\to\infty}\frac{1}{1-\frac{1}{x}-\frac{2}{x^2}}=1$$

故直线 $y=1$ 为曲线的水平渐近线。

三、函数图形的描绘

根据函数的单调性、函数的极值、函数图像的凹凸性和拐点以及函数图像的渐近线，就可以描绘出函数的大致图像，其步骤如下：

(1)确定函数的定义域，讨论函数奇偶性和周期性；

(2)讨论函数的单调性和极值；

(3)讨论函数的凹凸性；

(4)讨论函数的渐近线；

(5)讨论函数图像的特殊点(例如与坐标轴的交点等)；

(6)描绘出函数的大致图像。

【例 14】 讨论函数 $y=\dfrac{x}{1+x^2}$ 的基本性态，并描绘出大致图像。

解： (1)函数 $y=\dfrac{x}{1+x^2}$ 在其定义域$(-\infty,+\infty)$内连续、二阶可导，并且是奇函数，故图像关于原点对称。

(2)因为

$$y'=\frac{(1+x^2)-x\cdot 2x}{(1+x^2)^2}=\frac{1-x^2}{(1+x^2)^2}$$

令 $y'=0$ 得：$x=-1$ 和 $x=1$，列表求单调区间和极值点，见表 4-4 所列。

求单调区间和极值点　　表 4-4

x	$(-\infty,-1)$	-1	$(-1,1)$	1	$(1,+\infty)$
y'	$-$	0	$+$	0	$-$
y	↘	极小值 $y=-\frac{1}{2}$	↗	极大值 $y=\frac{1}{2}$	↘

从表 4-4 得：函数减区间是$(-\infty,-1)$和$(1,+\infty)$，增区间是$(-1,1)$，极小值点是$M(-1,-\frac{1}{2})$，极大值点 $N(1,\frac{1}{2})$。

(3)因为

$$y''=\frac{-2x(1+x^2)^2-(1-x^2)\cdot 2(1+x^2)\cdot 2x}{(1+x^2)^4}=\frac{2x(x-\sqrt{3})(x+\sqrt{3})}{(1+x^2)^3}$$

令 $y''=0$ 得：$x=-\sqrt{3},0,\sqrt{3}$。列表求凹凸区间和拐点，见表 4-5 所列。

求凹凸区间和拐点　　表 4-5

x	$(-\infty,-\sqrt{3})$	$-\sqrt{3}$	$(-\sqrt{3},0)$	0	$(0,\sqrt{3})$	$\sqrt{3}$	$(\sqrt{3},+\infty)$
y''	$-$	0	$+$	0	$-$	0	$+$
y	凸	拐点	凹	拐点	凸	拐点	凹

从表 4-5 得到函数 $y=\frac{x}{1+x^2}$的凸区间是$(-\infty,-\sqrt{3})$和$(0,\sqrt{3})$；凹区间是$(-\sqrt{3},0)$和$(\sqrt{3},+\infty)$；拐点是 $A\left(-\sqrt{3},-\frac{\sqrt{3}}{4}\right)$，$O(0,0)$，$B\left(\sqrt{3},\frac{\sqrt{3}}{4}\right)$。

(4)由于$\lim\limits_{x\to\infty}\frac{x}{1+x^2}=0$，因此直线 $y=0$(x 轴)是函数图像的水平渐近线。

根据以上的讨论结果，我们画出函数图像，如图 4-8 所示。

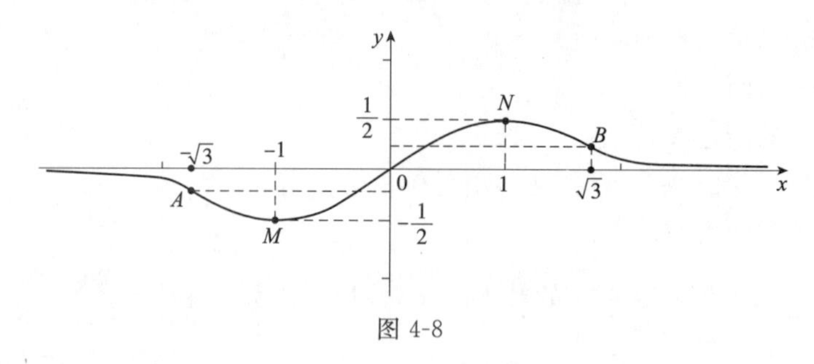

图 4-8

议一议　讲一讲

问题：仿照例 14 讨论函数 $y=\frac{1}{1+x^2}$的基本性态，并描绘出大致图像。

§4.5 导数在经济分析中的应用

一、经济学上的边际函数

$C(x)$:生产 x 单位产品的(总)成本(cost);

$R(x)$:生产 x 单位产品的收入(revenue);

$P(x)$:生产 x 单位产品的利润(profit);$P(x)=R(x)-C(x)$收入减成本。

上述函数的变化率(导数),经济学上称为边际函数。

$AC=\overline{C}(x)=\dfrac{C(x)}{x}$:生产 x 单位产品的平均成本(average cost);

$AR=\overline{R}(x)=\dfrac{R(x)}{x}$:生产 x 单位产品的平均收入(average revenue);

$AP=\overline{P}(x)=\dfrac{P(x)}{x}$:生产 x 单位产品的平均利润(average profit)。

二、边际(marginal)函数的意义

边际成本函数:$MC=C'(x)=\lim\limits_{h\to 0}\dfrac{C(x+h)-C(x)}{h}$

取 $h=1$,则 $C'(x)\approx\dfrac{C(x+1)-C(x)}{1}$,即 $C'(x)\approx C(x+1)-C(x)$(重要),边际成本的意义可解释为生产第 $x+1$ 单位产品时约增加成本 $C'(x)$元,而生产第 $x+1$ 单位产品时实际增加成本为 $\Delta C=C(x+1)-C(x)$元。

【例 15】 Polaraire 公司生产 x 台冰箱时的总成本为

$$C(x)=8000+200x-0.2x^2(0\leqslant x\leqslant 400)$$

(1)生产第 251 台冰箱时真正(增加的)成本为多少?

(2)计算生产第 250 台冰箱时的变化率。

(3)比较(1)、(2)的结果。

解:(1)生产第 251 台冰箱时真正(增加的)成本为

$$\begin{aligned}\Delta C &=C(251)-C(250)\\ &=(8000+200\times 251-0.2\times 251^2)-(8000+200\times 250-0.2\times 250^2)\\ &=200\times(251-250)-0.2\times(251^2-250^2)\\ &=200-0.2\times(251-250)(251+250)=200-100.2=\$99.8\end{aligned}$$

(2)边际成本函数为 $C'(x)=200-0.4x(0\leqslant x\leqslant 400)$

生产第 250 台冰箱时的变化率 $MC=C''(250)=200-0.4\times 250=\$100$

(3)$MC=C'(250)=\$250\approx\Delta C=C(251)-C(250)=\$99.8$

(1)、(2)的结果非常近似。

【例 16】 Acrosonic 之 F 型扩音器其单价 p 与需求量 x 的关系为

$$p=-0.02x+400(0\leqslant x\leqslant 20000)$$

(1)求收入函数 R；

(2)求边际收入函数 R'；

(3)求边际收入 $R'(2000)$并解释结果。

解:(1)收入函数 $R(x)=p\cdot x$(收入等于售价乘需求量)

$R(x)=p\cdot x=(-0.02x+400)\cdot x=-0.02x^2+400x$

(2)求边际收入函数 $MP=R'(x)=-0.04x+400$

(3)求边际收入 $R'(2000)$并解释结果。

$MP=R'(2000)=(-0.04)\times 2000+400=320$

边际收入 $R'(2000)$的意义可解释为生产第 2001 单位产品时约增加收入 320 元。

三、弹性在经济分析中的应用

1. 弹性函数

设函数 $y=f(x)$的在 x 处可导,函数的相对改变量$\dfrac{\Delta y}{y}=\dfrac{f(x+\Delta x)}{y}$与自变量的相对改变量$\dfrac{\Delta x}{x}$之比,当 $\Delta x\to 0$ 时的极限称为函数 $y=f(x)$在点 x 处的相对变化率,或称为弹性函数。记作

$$\frac{\mathrm{E}y}{\mathrm{E}x}=\lim_{\Delta x\to 0}\frac{\frac{\Delta y}{y}}{\frac{\Delta x}{x}}=\lim_{\Delta x\to 0}\frac{\Delta y}{\Delta x}\cdot\frac{x}{y}=f'(x)\frac{x}{f(x)}$$

在 $x=x_0$处,弹性函数值:

$$\frac{\mathrm{E}f(x_0)}{\mathrm{E}x}=f'(x_0)\frac{x}{f(x_0)}$$

称为 $f(x)$在点 $x=x_0$处的弹性值,简称弹性。$\dfrac{\mathrm{E}f(x_0)}{\mathrm{E}x}\%$表示在点 $x=x_0$处,当 x 产生 1%的改变时,$f(x)$近似地改变$\dfrac{\mathrm{E}f(x_0)}{\mathrm{E}x}\%$。

2. 需求弹性

在经济学中,把需求量对价格的相对变化率称为需求弹性。对于需求弹性函数 $Q=f(P)$或 $P=P(Q)$,由于价格上涨时,商品的需求函数 $Q=f(P)$或 $P=P(Q)$为单调减少函数,ΔP 与 ΔQ异号,所以特殊地定义,需求对价格的弹性函数为 $\eta(P)=-f'(P)\dfrac{P}{f(P)}$。

【例 17】 设某商品的需求函数为 $f(P)=\mathrm{e}^{-\frac{P}{5}}$,求:(1)需求弹性函数;(2)$P=3$,$P=5$,$P=6$时的需求弹性。

解:(1)$\eta(P)=\left|-f'(P)\dfrac{P}{f(P)}\right|=\left|-\dfrac{1}{5}\mathrm{e}^{-\frac{P}{5}}\cdot\dfrac{P}{\mathrm{e}^{-\frac{P}{5}}}\right|=\dfrac{P}{5}$;

(2)$\eta(3)=\dfrac{3}{5}=0.6$;　$\eta(5)=\dfrac{5}{5}=1$;$\eta(6)=\dfrac{6}{5}=1.2$

$\eta(3)=0.6<1$,说明当 $P=3$ 时,价格上涨 1%,需求只减少 0.6%,需求变动的幅度小于价格变动的幅度。

$\eta(5)=1$,说明当 $P=5$ 时,价格上涨1%,需求也减少1%,价格与需求变动的幅度相同。

$\eta(6)=1.2>1$,说明当 $P=6$ 时,价格上涨1%,需求减少1.2%,需求变动的幅度大于价格变动的幅度。

3. 收益弹性

收益 R 是商品价格 P 与需求量 Q 的乘积,即

$$R=PQ=P\cdot f(P)$$

求导数得

$$R'=f(P)+P\cdot f'(P)=f(P)\left[1+f'(P)\frac{P}{f(P)}\right]=f(P)(1-\eta)$$

因此,收益弹性为 $\frac{ER}{EP}=R'(P)\frac{P}{R(P)}=f(P)(1-\eta)\frac{P}{Pf(P)}=1-\eta$。

说明收益弹性与需求弹性之和等于1。

(1)若 $\eta<1$,则 $\frac{ER}{EP}>0$,价格上涨(或下跌)1%,收益增加(或减少)$(1-\eta)\%$;

(2)若 $\eta>1$,则 $\frac{ER}{EP}<0$,价格上涨(或下跌)1%,收益减少(或增加)$|1-\eta|\%$;

(3)若 $\eta=1$,则 $\frac{ER}{EP}=0$,价格变动1%,收益不变。

四、最大值与最小值在经济问题中的应用

最优化问题是经济管理活动的核心,各种最优化问题也是微积分中最关心的问题之一,例如,在一定条件下,使成本最低,收入最多,利润最大,费用最省等。下面介绍函数的最值在经济效益最优化方面的若干应用。

1. 最低成本问题

【例18】 设某厂每批生产某种产品 x 个单位的总成本函数为 $c(x)=mx^3-nx^2+px$,常数 $m>0,n>0,p>0$,(1)问每批生产多少单位时,使平均成本最小?(2)求最小平均成本和相应的边际成本。

解:(1)平均成本 $\bar{c}(x)=\frac{c(x)}{x}=mx^2-nx+p$,所以得 $\bar{c}'(x)=2mx-n$。

令 $\bar{c}'(x)=0$,得 $x=\frac{n}{2m}$,$\bar{c}''(x)=2m>0$。即每批生产 $\frac{n}{2m}$ 个单位时,平均成本最小。

(2)$\bar{c}(\frac{n}{2m})=m(\frac{n}{2m})^2-n(\frac{n}{2m})+p=\frac{4mp-n^2}{4m}$,又因为

$c'(x)=3mx^2-2nx+p$

$c'(\frac{n}{2m})=3m(\frac{n}{2m})^2-2n(\frac{n}{2m})+p=\frac{4mp-n^2}{4m}$

因此,最小平均成本等于其相应的边际成本。

2. 最大利润问题

【例19】 设生产某产品的固定成本为60000元,变动成本为每件20元,价格函数 $P=60-\frac{Q}{1000}$(Q 为销售量),假设供销平衡,问产量为多少时,利润最大?最大利润是多少?

解:产品的总成本函数 $C(Q)=60000+20Q$

收益函数　$R(Q)=PQ=(60-\frac{Q}{1000})Q=60Q-\frac{Q^2}{1000}$

则利润函数 $L(Q)=R(Q)-C(Q)=-\frac{Q^2}{1000}+40Q-60000$

$L'(Q)=-\frac{1}{500}Q+40$,令 $L'(Q)=0$,得 $Q=20000$

因为 $L''(Q)=-\frac{1}{500}<0$,所以当 $Q=20000$ 时,L 有最大值为 $L(20000)=340000$。

即生产 20000 个产品时利润最大,最大利润为 340000 元。

五、其他例题赏析

【例 20】 某公司在甲乙两地销售同一品牌的汽车,利润(单位:万元)分别为 $L_1=5.06x-0.15x^2$ 和 $L_2=2x$,其中 x 为销售量(单位:辆)。若该公司在这两地共销售了 15 辆车,则该公司能够获得的最大利润是多少万元?

解:设甲销售了 x,则乙销售了 $15-x$。

总利润 $L=5.06x-0.15x^2+2(15-x)=-0.15x^2+3.06x+30(x>0)$

$L'=-0.3x+3.06$

令 $L'=0$,得 $x=10.2$(取整数)

又 $L''=-0.3<0$,所以当 $x=10$ 时,L 取最大值,即

$L_{max}=-0.15\times100+3.06\times10+30=45.6$

该公司能够获得的最大利润是 45.6 万元。

【例 21】 统计表明,某种型号的汽车在匀速行驶中每小时的耗油量 y(L)关于行驶速度 x(km/h)的函数解析式可以表示为:$y=\frac{1}{128000}x^3-\frac{3}{80}x+8(0<x\leqslant120)$。已知甲、乙两地相距 100km。求:

(1)当汽车以 40km/h 的速度匀速行驶时,从甲地到乙地要耗油多少 L?

(2)当汽车以多大的速度匀速行驶时,从甲地到乙地耗油最少?最少为多少 L?

解:(1)当 $x=40$ 时,汽车从甲地到乙地行驶了 $\frac{100}{40}=2.5$h,耗油 $h(x)=\left(\frac{1}{128000}\times40^3-\frac{3}{80}\times40+8\right)\times2.5=17.5$L。

当汽车以 40km/h 的速度匀速行驶时,从甲地到乙地耗油 17.5L。

(2)当速度为 $x$km/h 时,汽车从甲地到乙地行驶了 $\frac{100}{x}$h,设耗油量为 $h(x)$L,依题意得 $h(x)=\left(\frac{1}{128000}x^3-\frac{3}{80}x+8\right)\frac{100}{x}=\frac{1}{1280}x^2+\frac{800}{x}-\frac{15}{4}(0<x\leqslant120)$,故 $h'(x)=\frac{x}{640}-\frac{800}{x^2}=\frac{x^3-80^3}{640x^2}(0<x\leqslant120)$

令 $h'(x)=0$ 得 $x=80$

当 $x\in(0,80)$ 时,$h'(x)<0$,$h(x)$是减函数;

当 $x \in (80,120)$ 时，$h'(x)>0$，$h(x)$ 是增函数。

所以当 $x=80$ 时，$h(x)$ 取到极小值 $(h)(80)=11.25$

因为 $h(x)$ 在 $(0,120)$ 上只有一个极值，所以它是最小值。

当汽车以 80km/h 的速度匀速行驶时，从甲地到乙地耗油最少，最少为 11.25L。

习　题　五

1. Elektra 电子公司之子公司生产 x 台可程式的口袋型计算机的每日总成本为 $C(x)=0.0001x^3-0.08x^2+40x+5000$ 元。

(1)求边际成本函数。

(2)求 $x=200,300,400$ 及 600 的边际成本。

(3)解释你的结果。

2. 参见【例 16】Acrosonic 之 F 型扩音器其生产 x 单位的成本为 $C(x)=100x+200000$ 元，求：

(1)利润函数 P；

(2)边际利润函数 P'；

(3)边际利润 $P'(2000)$，并解释结果。

【阅读材料】

中国现代数学家华罗庚

华罗庚是我国现代数学家。1910 年 11 月 12 日生于江苏省金坛县，1925 年，初中毕业后就因家境贫困无法继续升学。1928 年，18 岁的华罗庚在他的数学老师王维克的推荐下，到金坛中学担任教务员。他在这年患了伤寒症，卧床达 5 个月之久，从此左腿瘫痪。1936 年，作为访问学者去英国剑桥大学工作。1938 年回国，受聘为西南联合大学教授。

1946 年，应苏联科学院邀请去苏联访问 3 个月。同年应美国普林斯顿高等研究所邀请任研究员，并在普林斯顿大学执教。1948 年开始，他为伊利诺伊大学教授。1950 年回国，先后任清华大学教授，中国科学院数学研究所所长，数理化学部委员和学部副主任，中国科学技术大学数学系主任、副校长，中国科学院应用数学研究所所长，中国科学院副院长、主席团委员等职。还担任过多届中国数学会理事长。此外，华罗庚还是第一、二、三、四、五届全国人民代表大会常务委员会委员和中国人民政治协商会议第六届全国委员会副主席。华罗庚是在国际上享有盛誉的数学家，他的名字在美国施密斯松尼博物馆与芝加哥科技博物馆等著名博物馆中，与少数经典数学家列在一起。他被选为美国科学院国外院士，第三世界科学院院士，联邦德国巴伐利亚科学院院士。又被授予法国南锡大学、香港中文大学与美国伊利诺伊大学荣誉博士。

华罗庚在解析数论、矩阵几何学、典型群、自守函数论、多复变函数论、偏微分方程、高维数值积分等广泛数学领域中都作出卓越贡献。

华罗庚的名言：勤能补拙是良训，一分辛苦一分才。天才在于积累，聪明在于勤奋。

解说：拙，笨。指天分的不足。良训，宝贵的训诫。勤奋能弥补天分的不足，花一分辛苦就能增长一分才干。天才是一点一滴的勤奋努力中积累起来的，只要有顽强钻研、毫不松懈的精神，就一定能获得聪明和智慧。

第5章 一元函数积分学

学习目标

1. 理解不定积分的概念及性质,掌握不定积分的基本公式;
2. 掌握不定积分的换元法;
3. 掌握不定积分的分部积分法;
4. 理解定积分的概念及性质,掌握牛顿—莱布尼兹公式;
5. 掌握定积分的换元法和分部积分法;
6. 了解无穷限的广义积分和无界函数的广义积分。

§5.1 不定积分的概念及性质

在前面,通过讨论得到:已知某物体的路程函数,求该物体的瞬时速度的问题,可以抽象成已知函数 $s=f(t)$,求它的导数或微分的问题。在实践中,会遇到相反的问题,如已知运动物体的瞬时速度,求物体运动的路程函数。它的数学实质就是:已知 $v=f'(t)$,求 $s=f(t)$,这就抽象出了原函数的概念。

一、不定积分的概念

定义1 设函数 $f(x)$在某区间 I 上有定义,如果存在函数 $F(x)$,对于该区间上任一点 x,使得 $F'(x)=f(x)$或 $\mathrm{d}F(x)=f(x)\mathrm{d}x$ 成立,则称函数 $F(x)$是已知函数 $f(x)$在该区间上的一个原函数。可见,有 $F'(x)=f(x)$或 $\mathrm{d}F(x)=f(x)\mathrm{d}x$,就有 $\mathrm{d}F(x)=f(x)\mathrm{d}x$ 或 $\mathrm{d}[F(x)+C]=f(x)\mathrm{d}x$,那么 $F(x)$和 $F(x)+C$ 都是 $f(x)$的原函数。例如,$(x^2)'=2x$,则 x^2 是 $2x$ 的一个原函数。

注意:若一个函数的原函数存在,则其原函数有无数多个,且它们之间仅仅相差一个常数。即设 $F(x)$、$G(x)$为任意两个原函数,则 $F(x)-G(x)=C$(常数)。

定义2 若 $F(x)$是 $f(x)$在区间 I 上的一个原函数,则 $F(x)+C$(C 为常数)称为 $f(x)$在该区间上的不定积分,记为 $\int f(x)\mathrm{d}x$,即

$$\int f(x)\mathrm{d}x=F(x)+C \tag{5-1}$$

其中,$\int$ 称为积分号,$f(x)$称为被积函数,$f(x)\mathrm{d}x$ 称为被积表达式或称为积分式,x 称为积分变量,C 称为积分常数。

二、不定积分的几何意义

定义 3 通常把 $f(x)$的一个原函数 $F(x)$的图形，称为函数 $f(x)$的积分曲线，不定积分 $\int f(x)\mathrm{d}x$ 就表示积分曲线族 $y=F(x)+C$。

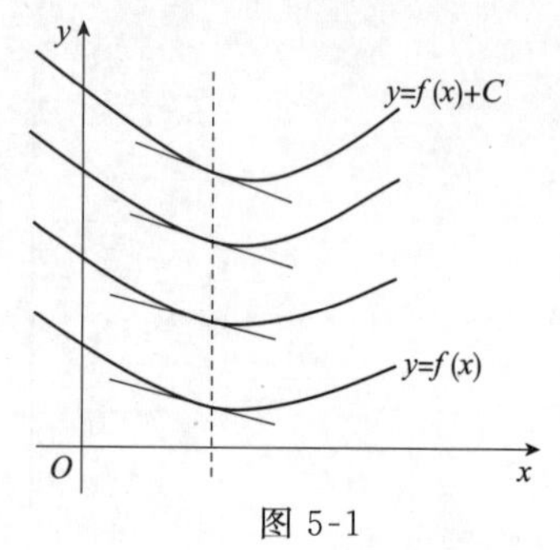

图 5-1

积分曲线族 $y=F(x)+C$ 的特点是：

(1)积分曲线中任意一条曲线，可由其中任一条沿 y 轴平移若干个单位得到。

(2)由于$[F(x)+C]'=F'(x)=f(x)$，即横坐标相同点 x 处，每条积分曲线上相应点处的切线斜率相等，都等于 $f(x)$，从而使相应点处的切线互相平行。

不定积分的几何意义如图 5-1 所示。

三、不定积分的性质

不定积分有如下几个性质：

(1)$\left[\int f(x)\mathrm{d}x\right]'=f(x)$或 $\mathrm{d}\left[\int f(x)\mathrm{d}x\right]=f(x)\mathrm{d}x$

注意：先积后导(微)，形式不变。

(2)$\int f'(x)\mathrm{d}x=f(x)+C$ 或 $\int \mathrm{d}f(x)=f(x)+C$

注意：先导(微)后积，差个常数。

(3)$\int kf(x)\mathrm{d}x=k\int f(x)\mathrm{d}x$

注意：常数可提到积分号的外面。

(4)$\int [f(x)\pm g(x)]\mathrm{d}x=\int f(x)\mathrm{d}x\pm \int g(x)\mathrm{d}x$

注意：满足加法原则，其可推广到有限项的情形。

由不定积分的定义可知，求不定积分与求导数(或求微分)是两种互逆的运算，所以由导数表可推得积分表。

四、不定积分的基本积分公式

不定积分的基本积分公式如下：

(1)$\int k\mathrm{d}x=kx+C$(k 是常数)

(2)$\int x^a\mathrm{d}x=\dfrac{x^{a+1}}{a+1}+C(a\neq -1)$

(3)$\int \dfrac{\mathrm{d}x}{x}=\ln|x|+C(x\neq 0)$

(4)$\int a^x\mathrm{d}x=\dfrac{1}{\ln a}a^x+C(a>0,a\neq 1)$

(5) $\int e^x dx = e^x + C$

(6) $\int \sin x dx = -\cos x + C$

(7) $\int \cos x dx = \sin x + C$

(8) $\int \sec^2 x dx = \tan x + C$

(9) $\int \csc^2 x dx = -\cot x + C$

(10) $\int \sec x \tan x dx = \sec x + C$

(11) $\int \csc x \cot x dx = -\csc x + C$

(12) $\int \frac{1}{\sqrt{1-x^2}} dx = \arcsin x + C = -\arccos x + C$

(13) $\int \frac{1}{1+x^2} dx = \arctan x + C = -\operatorname{arccot} x + C$

【例 1】 求下列不定积分。

(1) $\int 2x dx$　　　　(2) $\int \frac{1}{x^3} dx$

解:(1)被积函数 $f(x)=2x$,因为$(x^2)'=2x$,即 x^2 是 $2x$ 的一个原函数,所以,$\int 2x dx = x^2 + C$。

(2) $\int \frac{1}{x^3} dx = \int x^{-3} dx = \frac{1}{-3+1} x^{-3+1} + C = -\frac{1}{2x^2} + C$。

【例 2】 求不定积分 $\int \frac{1}{x} dx$。

解:被积函数$\frac{1}{x}$的定义域为 $x \neq 0$。

当 $x>0$ 时,因为$(\ln x)'=\frac{1}{x}$,所以$\int \frac{1}{x} dx = \ln x + C$。

当 $x<0$ 时,因为$[\ln(-x)]'=\frac{1}{-x}(-1)=\frac{1}{x}$,所以$\int \frac{1}{x} dx = \int \frac{1}{-x} d(-x) = \ln|-x| + C$,所以,由以上两种情况知,当 $x \neq 0$ 时,$\int \frac{1}{x} dx = \ln|x| + C$。

注意:不定积分是被积函数的全体原函数的一般表达式,所以切记应在求出被积函数的一个原函数后加上积分常数 C。

以上所举例题均是可以直接求出其原函数的,所以对应于积分基本公式,就可以直接得到不定积分,即直接积分法。

【例 3】 求不定积分 $\int \frac{1}{\sqrt{x}} dx$。

解：$\int \frac{1}{\sqrt{x}}dx=\int x^{-\frac{1}{2}}dx=2\sqrt{x}+C$

【例 4】 求不定积分$\int 2^x a^x dx$。

解：$\int 2^x a^x dx=\int (2a)^x dx=\frac{(2a)^x}{\ln 2a}+C=\frac{2^x a^x}{\ln 2a}+C$

【例 5】 求不定积分$\int (3^x-\cos x+x^2\sqrt{x})dx$。

解：$\int (3^x-\cos x+x^2\sqrt{x})dx$

$=\int 3^x dx-\int \cos x dx+\int x^2\sqrt{x}dx$

$=\frac{3^x}{\ln 3}-\sin x+\frac{2}{7}x^{\frac{7}{2}}+C$

【例 6】 求不定积分$\int \frac{(1+x)^3}{x^2}dx$。

解：$\int \frac{(1+x)^3}{x^2}dx=\int \frac{1}{x^2}dx+\int \frac{3x}{x^2}dx+\int \frac{3x^2}{x^2}dx+\int \frac{x^3}{x^2}dx$

$$=-\frac{1}{x}+3\ln|x|+3x+\frac{1}{2}x^2+C$$

【例 7】 设某汽车以速度 $v=3\cos t$ 作直线运动，开始时汽车的位移为 s_0，求汽车的运动规律。

解：汽车的运动规律是指位移 s 是时间 t 的函数 $s=s(t)$，按题意有

$$v=\frac{ds}{dt}=3\cos t \text{ 或 } ds=3\cos t dt$$

$$s=\int 3\cos t dt=3\sin t+C$$

由条件 $s|_{t=0}=s_0$，代入上式得 $C=s_0$，于是汽车的运动规律为 $s=3\sin t+s_0$。

议一议 讲一讲

问题 1：求$\int \tan^2 x dx$，试问：

(1)这个函数的不定积分怎么求？(2)讲一讲它的运算过程。

问题 2：求$\int \cos^2\frac{x}{2}dx$，试问：

(1)这个函数的不定积分怎么求？(2)讲一讲它的运算过程。

习 题 一

1. 什么是一个函数的原函数？什么是一个函数的不定积分？它们之间有什么联系？

2. 一曲线通过点(e^3,3),且在任一点处的切线的斜率等于该点横坐标的倒数,求该曲线的方程。

3. 求下列简单不定积分。

(1) $\int (a-bx^2)^2 dx$　　(2) $\int x\sqrt{x}dx$

(3) $\int \frac{x^2+1}{\sqrt{x}}dx$　　(4) $\int (\sqrt{x}+2)(x-1)dx$

(5) $\int \sin^2\frac{x}{2}dx$　　(6) $\int \frac{\cos 2x}{\cos^2 x\sin^2 x}dx$

(7) $\int \frac{1+\cos^2 x}{1+\cos 2x}dx$　　(8) $\int \frac{1+2x^2}{x^2(1+x^2)}dx$

(9) $\int e^x(1+a^x)dx$　　(10) $\int \frac{x^4}{1+x^2}dx$

4. 已知汽车由静止开始作直线运动,经过 $t$min 的速度为 $2t^2$(m/min),求:

(1)汽车的运动规律;

(2)3min 末汽车离开出发点的距离;

(3)汽车行驶完 1000m 所需要的时间。

§5.2　不定积分的换元积分法

利用积分基本公式的直接积分法求出的不定积分是有限的,下面介绍一个新的方法:换元法。

换元法具有相应的两种途径:一是把被积函数的自变量看成新引入函数的自变量,而这个新引入函数的因变量则可以凑成原来被积函数的自变量,这样被积函数实际上就减少了复合的层次,而变得比原来的形式要简单;二是把被积函数的自变量看成一个新引入变量的函数,在被积函数当中代入这个函数,通过代换表面看来是增加了被积函数的复杂性,但这种方法能使得被积函数比较容易进行积分。

一、第一类换元积分法

在介绍第一类换元积分法之前,先来看一个示例。

【例 8】　求 $\int \sin 3x dx$。

解:在基本积分公式中虽有 $\int \sin x dx=-\cos x+C$,但被积函数 $\sin 3x$ 是一个复合函数,不能直接应用。为了套用这个积分公式,先把原积分作下列变形,然后进行计算。

$$\int \sin 3x dx=\frac{1}{3}\int \sin 3x d(3x)$$

令 $3x=u$,则

$$原式=\frac{1}{3}\int \sin u du=-\frac{1}{3}\int \cos u+C=-\frac{1}{3}\cos 3x+C$$

因为$\left(-\frac{1}{3}\cos 3x+C\right)'=\sin 3x$，即$-\frac{1}{3}\cos 3x+C$确实是$\sin 3x$的原函数，因此上述方法是正确的。

上述方法的关键是引入了中间变量u，利用了$\int \cos u\mathrm{d}u=\sin u+C$(其中$u=u(x)$)。

一般的，若不定积分的被积表达式能写成$f[\varphi(x)]\varphi'(x)\mathrm{d}x=f[\varphi(x)]\mathrm{d}\varphi(x)$的形式，令$\varphi(x)=u$，设$F(u)$是$f(u)$的一个原函数，当积分$\int f(u)\mathrm{d}u$可求时，则$\int f[\varphi(x)]\varphi'(x)\mathrm{d}x=\int f(u)\mathrm{d}u = F(u) +C=F[\varphi(x)]+C$。

由上所述可得下面的定理。

定理1 设$\int f(x)\mathrm{d}x=F(x)+C$，且$\varphi(x)=u$为可微函数，则

$$\int f[\varphi(x)]\varphi'(x)\mathrm{d}x=F[\varphi(x)]+C \tag{5-2}$$

通常把这样的积分方法称作第一类换元法。

由定理1可见换元法中最关键的步骤是凑微分，即将$f[\varphi(x)]\varphi'(x)\mathrm{d}x$凑成$f[\varphi(x)]\mathrm{d}\varphi(x)$，故第一类换元法也称凑微分法。

【例9】 求$\int \frac{\mathrm{d}x}{2x+1}$。

解: 令$2x+1=u$，$x=\frac{u-1}{2}$，则$\mathrm{d}x=\frac{1}{2}\mathrm{d}u$，从而有

$$\int \frac{\mathrm{d}x}{2x+1}=\frac{1}{2}\int \frac{\mathrm{d}u}{u}=\frac{1}{2}\ln|u|+C$$

再将$u=2x+1$代回上式，得$\int \frac{\mathrm{d}x}{2x+1}=\frac{1}{2}\ln|2x+1|+C$

【例10】 求$\int \frac{1}{a^2+x^2}\mathrm{d}x$。

解: $\int \frac{1}{a^2+x^2}\mathrm{d}x=\frac{1}{a^2}\int \frac{\mathrm{d}x}{1+\left(\frac{x}{a}\right)^2}$

令$\frac{x}{a}=u$，$x=au$，则$\mathrm{d}x=a\mathrm{d}u$，从而有

$$\int \frac{1}{a^2+x^2}\mathrm{d}x=\frac{1}{a}\int \frac{\mathrm{d}\left(\frac{x}{a}\right)}{1+\left(\frac{x}{a}\right)^2}=\frac{1}{a}\int \frac{\mathrm{d}u}{1+u^2}=\frac{1}{a}\arctan u+C$$

再将$u=\frac{x}{a}$代入上式，得$\int \frac{1}{a^2+x^2}\mathrm{d}x=\frac{1}{a}\arctan \frac{x}{a}+C$。

由以上例题知，用第一类换元积分法的关键在凑微分，凑微分除熟练逆用微分公式外，还应注意利用已知求导公式。

下面给出一些常用的凑微分公式：

(1)$\mathrm{d}x=\frac{1}{k}\mathrm{d}(kx+c)$

(2)$\frac{1}{2\sqrt{x}}\mathrm{d}x=\mathrm{d}\sqrt{x}$

(3) $\frac{1}{x}dx = d\ln x$　　(4) $-\frac{1}{x^2}dx = d\frac{1}{x}$

(5) $e^x dx = de^x$　　(6) $a^x dx = \frac{1}{\ln a}da^x$

(7) $\cos x dx = d\sin x$　　(8) $\sin x dx = -d\cos x$

(9) $\sin 2x dx = d\sin^2 x$

$= -d\cos^2 x$

(10) $\sec^2 x dx = d\tan x$

(11) $\csc^2 x dx = -d\cot x$　　(12) $\sec x\tan x dx = d\sec x$

(13) $\csc x\cot x dx = -d\csc x$　　(14) $\frac{1}{\sqrt{1-x^2}}dx = d\arcsin x$

$= -d\arccos x$

(15) $\frac{1}{1+x^2}dx = d\arctan x$

$= -d\text{arccot} x$

(16) $\frac{-x}{\sqrt{1-x^2}}dx = d\sqrt{1-x^2}$

(17) $\frac{x}{\sqrt{1+x^2}}dx = d\sqrt{1+x^2}$

【例 11】 求下列不定积分。

(1) $\int \frac{2\ln x}{x}dx$　　(2) $\int \cot x dx$

解:(1)因为$\frac{1}{x}dx = d\ln x$,令 $\ln x = u$,从而有

$$\int \frac{2\ln x}{x}dx = 2\int \ln x d\ln x = 2\int u du = u^2 + C$$

将 $\ln x = u$ 代入上式,得

$$\int \frac{2\ln x}{x}dx = \ln^2 x + C$$

当运算熟练后,变量代换 $\varphi(x) = u$ 和将其代回原式这两个步骤可省略不写。

(2) $\int \cot x dx = \int \frac{\cos x}{\sin x}dx = \int \frac{1}{\sin x}d(\sin x) = \ln|\sin x| + C$

【例 12】 求下列不定积分。

(1) $\int \frac{x}{1+x^4}dx$　　(2) $\int \frac{\cos\sqrt{x}+1}{\sqrt{x}}dx$

解:(1) $\int \frac{x}{1+x^4}dx = \frac{1}{2}\int \frac{1}{1+(x^2)^2}d(x^2) = \frac{1}{2}\arctan x^2 + C$

(2) $\int \frac{\cos\sqrt{x}+1}{\sqrt{x}}dx = 2\int \cos(\sqrt{x}+1)d(\sqrt{x}) = 2\int \cos(\sqrt{x}+1)d(\sqrt{x}+1)$

$= 2\sin(\sqrt{x}+1) + C$

【例 13】 求下列不定积分。

(1) $\int \cos^3 x dx$　　(2) $\int \cos^2 x dx$　　(3) $\int \frac{dx}{x^2-a^2}$　　(4) $\int \csc x dx$

解:(1) $\int \cos^3 x\mathrm{d}x = \int \cos^2 x\cos x\mathrm{d}x = \int (1-\sin^2 x)\mathrm{d}(\sin x)$

$$= \sin x - \frac{1}{3}\sin^3 x + C$$

(2) $\int \cos^2 x\mathrm{d}x = \int \frac{1+\cos 2x}{2}\mathrm{d}x = \frac{1}{2}\int \mathrm{d}x + \frac{1}{4}\int \cos 2x\mathrm{d}(2x)$

$$= \frac{1}{2}x + \frac{1}{4}\sin 2x + C$$

(3) $\int \frac{\mathrm{d}x}{x^2-a^2} = \int \frac{1}{(x+a)(x-a)}\mathrm{d}x = \frac{1}{2a}\int \left(\frac{1}{x-a} - \frac{1}{x+a}\right)\mathrm{d}x$

$$= \frac{1}{2a}\left[\int \frac{\mathrm{d}(x-a)}{x-a} - \int \frac{\mathrm{d}(x+a)}{x+a}\right]$$

$$= \frac{1}{2a}[\ln|x-a| - \ln|x+a|] + C$$

$$= \frac{1}{2a}\ln\left|\frac{x-a}{x+a}\right| + C$$

(4) $\int \csc x\mathrm{d}x = \int \frac{1}{\sin x}\mathrm{d}x = \int \frac{\sin^2 \frac{x}{2} + \cos^2 \frac{x}{2}}{2\sin \frac{x}{2}\cos \frac{x}{2}}\mathrm{d}x = \int \left(\tan \frac{x}{2} + \cot \frac{x}{2}\right)\mathrm{d}\left(\frac{x}{2}\right)$

$$= -\ln\left|\cos \frac{x}{2}\right| + \ln\left|\sin \frac{x}{2}\right| + C = \ln\left|\tan \frac{x}{2}\right| + C$$

求第(4)个式中的不定积分还可用下面的方法:

$$\int \csc x\mathrm{d}x = \int \frac{1}{\sin x}\mathrm{d}x = \int \frac{1}{2\sin \frac{x}{2}\cos \frac{x}{2}}\mathrm{d}x = \int \frac{1}{\frac{\sin \frac{x}{2}}{\cos \frac{x}{2}}\cos^2 \frac{x}{2}}\mathrm{d}\left(\frac{x}{2}\right)$$

$$= \int \frac{1}{\tan \frac{x}{2}}\mathrm{d}\left(\tan \frac{x}{2}\right) = \ln\left|\tan \frac{x}{2}\right| + C$$

又因 $\tan \frac{x}{2} = \frac{1-\cos x}{\sin x} = \csc x - \cot x$,所以第(4)个式中的不定积分,还可表示为下面的形式

$$\int \csc x\mathrm{d}x = \ln|\csc x - \cot x| + C$$

或 $\int \csc x\mathrm{d}x = \int \frac{\csc x(\csc x - \cot x)}{\csc x - \cot x}\mathrm{d}x = \int \frac{1}{\csc x - \cot x}\mathrm{d}(\csc x - \cot x)$

$$= \ln|\csc x - \cot x| + C$$

注意:求同一不定积分,因使用的方法不同,其结果可能具有不同的形式,但实质是相同的。

例如,求不定积分 $\int \sin x\cos x\mathrm{d}x$,用下列三种求法所得结果就具有不同的形式:

第一种方法:$\int \sin x\cos x\mathrm{d}x = \int \sin x\mathrm{d}(\sin x) = \frac{1}{2}\sin^2 x + C_1$

第二种方法：$\int \sin x\cos x\mathrm{d}x=-\int \cos x\mathrm{d}(\cos x)=-\frac{1}{2}\cos^2 x+C_2$

第三种方法：$\int \sin x\cos x\mathrm{d}x=\frac{1}{2}\int \sin 2x\mathrm{d}x=\frac{1}{4}\int \sin 2x\mathrm{d}(2x)$

$$=-\frac{1}{4}\cos 2x+C_3$$

以上这三种方法得到形式上不同的结果，但所表示的函数集合是相同的。

二、第二类换元积分法

如果$\int f(x)\mathrm{d}x$不易求，但作变换$x=\varphi(t)$后，$\int f[\varphi(t)]\varphi'(t)\mathrm{d}t$可求，于是可按定理2所述方法计算不定积分。

定理2 设函数$f(x)$连续，函数$x=\varphi(t)$单调可微，且$\varphi'(t)\neq 0$，则$\int f(x)\mathrm{d}x=\int f[\varphi(t)]\varphi'(t)\mathrm{d}t$。

通常把这样的积分法称为第二类换元积分法。

1. 简单根式代换

【例14】 求$\int \frac{1}{\sqrt{x}+1}\mathrm{d}x$。

解：设$x=t^2$，则$\mathrm{d}x=(t^2)'\mathrm{d}t=2t\mathrm{d}t$，于是

$$\int \frac{1}{\sqrt{x}+1}\mathrm{d}x=\int \frac{1}{t+1}2t\mathrm{d}t=2\int \frac{(t+1)-1}{t+1}\mathrm{d}t=2\int\left(1-\frac{1}{t+1}\right)\mathrm{d}t$$

$$=2t-2\ln|t+1|+C=2\sqrt{x}-2\ln(\sqrt{x}+1)+C$$

【例15】 求$\int \frac{x}{\sqrt{1-x}}\mathrm{d}x$。

解：为了将根式消除，令$\sqrt{1-x}=t$，$x=1-t^2$，$\mathrm{d}x=-2t\mathrm{d}t$，于是有

$$\int \frac{x}{\sqrt{1-x}}\mathrm{d}x=-\int \frac{1-t^2}{t}\cdot 2t\mathrm{d}t$$

$$=2\int(-1+t^2)\mathrm{d}t$$

$$=-2t+\frac{2}{3}t^3+C$$

将$t=\sqrt{1-x}$代入上式，可得

$$\int \frac{x}{\sqrt{1-x}}\mathrm{d}x=-2\sqrt{1-x}+\frac{2}{3}(1-x)\sqrt{1-x}+C$$

【例16】 求$\int \frac{1}{x}\sqrt{\frac{1+x}{x}}\mathrm{d}x$。

解：为了去掉被积函数中的根号，令$\sqrt{\frac{1+x}{x}}=t$，$x=\frac{1}{t^2-1}$，则$\mathrm{d}x=-\frac{2t}{(t^2-1)^2}\mathrm{d}t$。

$$\begin{aligned}\int \frac{1}{x}\sqrt{\frac{1+x}{x}}\mathrm{d}x &= -2\int \frac{t^2}{t^2-1}\mathrm{d}t\\ &= -2\int \frac{(t^2-1)+1}{t^2-1}\mathrm{d}t\\ &= -2\int \left(1+\frac{1}{t^2-1}\right)\mathrm{d}t\\ &= -2t-2\int \frac{1}{t^2-1}\mathrm{d}t\\ &= -2t-\int \left(\frac{1}{t-1}-\frac{1}{t+1}\right)\mathrm{d}t\\ &= -2t-\ln\left|\frac{t-1}{t+1}\right|+C\\ &= -2\sqrt{\frac{1+x}{x}}-\ln\left|\frac{\sqrt{\frac{1+x}{x}}-1}{\sqrt{\frac{1+x}{x}}+1}\right|+C\end{aligned}$$

2. 三角代换

【例 17】 求$\int \sqrt{a^2-x^2}\mathrm{d}x(a>0)$。

解:被积函数含有二次根式,不能像简单根式那样代换,令$\sqrt{a^2-x^2}=t$。可以利用三角函数恒等式 $\sin^2x+\cos^2x=1$,使其有理化,为此,令 $x=a\sin t\left(-\frac{\pi}{2}\leqslant t\leqslant\frac{\pi}{2}\right)$,$\sqrt{a^2-x^2}=a\sqrt{1-\sin^2t}=a\cos t$,于是有

$$\begin{aligned}\int \sqrt{a^2-x^2}\mathrm{d}x &= \int a\cos t\mathrm{d}a\sin t=a^2\int \cos^2t\mathrm{d}t\\ &= \frac{a^2}{2}\int (1+\cos2t)\mathrm{d}t\\ &= \frac{a^2}{2}\left(t+\frac{1}{2}\sin2t\right)+C\\ &= \frac{a^2}{2}(t+\sin t\cos t)+C\end{aligned}$$

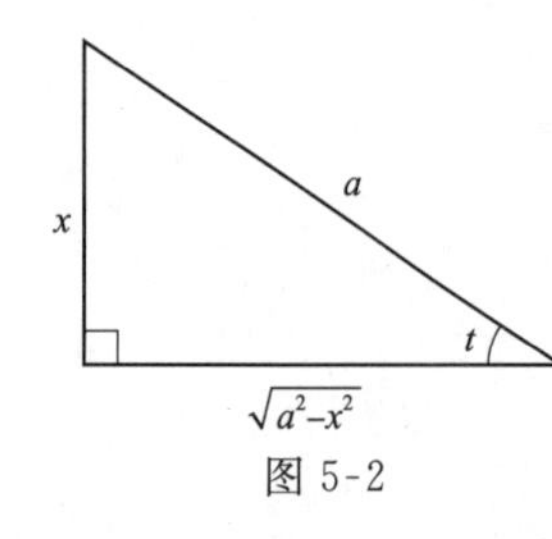

图 5-2

将 $x=a\cos t$ 代入上式,把变量 t 还原成 x。为简便起见,根据 $\sin t=\frac{x}{a}$,画一个直角三角形,称它为辅助三角形,如图 5-2 所示,因为 $t=\arcsin\frac{x}{a}$,$\cos t=\frac{\sqrt{a^2-x^2}}{a}$,于是有

$$\begin{aligned}\int \sqrt{a^2-x^2}\mathrm{d}x &= \frac{a^2}{2}(t+\sin t\cos t)+C\\ &= \frac{a^2}{2}\left(\arcsin\frac{x}{a}+\frac{x}{a}\frac{\sqrt{a^2-x^2}}{a}\right)+C\\ &= \frac{a^2}{2}\left(\arcsin\frac{x}{a}+\frac{x}{a^2}\sqrt{a^2-x^2}\right)+C\end{aligned}$$

【例 18】 求$\int\frac{\mathrm{d}x}{\sqrt{x^2+a^2}}(a>0)$。

解:为了去掉被积函数中的根号,利用$1+\tan^2x=\sec^2x$,令$x=a\tan x\left(-\frac{\pi}{2}<t<\frac{\pi}{2}\right)$,则$\mathrm{d}x=a\sec^2t\mathrm{d}t$,于是有

$$\int\frac{\mathrm{d}x}{\sqrt{x^2+a^2}}=\int\frac{a\sec^2t}{a\sec t}\mathrm{d}t$$

$$=\int\sec t\mathrm{d}t=\ln|\sec t+\tan t|+C_1$$

根据$\tan t=\frac{x}{a}$,作辅助三角形,如图 5-3 所示,得

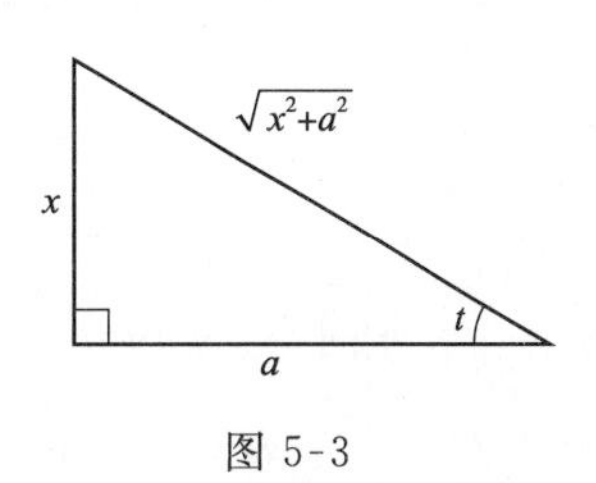

图 5-3

$$\int\frac{\mathrm{d}x}{\sqrt{x^2+a^2}}=\ln|\sec t+\tan t|+C_1$$

$$=\ln\left|\frac{\sqrt{x^2+a^2}}{a}+\frac{x}{a}\right|+C_1$$

$$=\ln(x+\sqrt{x^2+a^2})+C_1-\ln a$$

$$=\ln(x+\sqrt{x^2+a^2})+C$$

其中,$C=C_1-\ln a$

【例 19】 求$\int\frac{\mathrm{d}x}{\sqrt{x^2-a^2}}(a>0)$。

解:为了去掉被积函数中的根号,利用$\sec^2x-1=\tan^2x$,令$x=a\sec t$,则$\mathrm{d}x=a\sec t\tan t\mathrm{d}t$,于是有

$$\int\frac{\mathrm{d}x}{\sqrt{x^2-a^2}}=\int\frac{a\sec t\tan t}{a\tan t}\mathrm{d}t$$

$$=\int\sec t\mathrm{d}t=\ln|\sec t+\tan t|+C_1$$

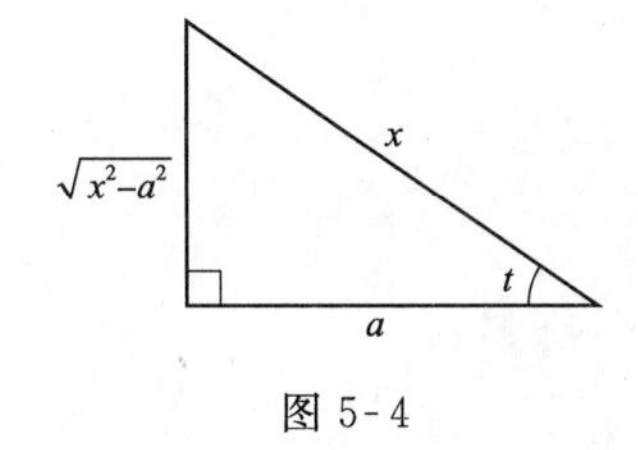

图 5-4

根据$\sec t=\frac{x}{a}$,作辅助三角形,如图 5-4 所示。

$$\int\frac{\mathrm{d}x}{\sqrt{x^2-a^2}}=\ln|\sec t+\tan t|+C_1$$

$$=\ln\left|\frac{x}{a}+\frac{\sqrt{x^2-a^2}}{a}\right|+C_1$$

$$=\ln\left|x+\sqrt{x^2-a^2}\right|+C_1-\ln a$$

$$=\ln\left|x+\sqrt{x^2-a^2}\right|+C$$

其中,$C=C_1-\ln a$。

上面三个例子都是用三角函数进行变量代换而求得的,因此称它们为三角代换法或三角换元法。

一般的,应用三角换元法作积分时,可归纳为如下三条:

(1)含$\sqrt{x^2-a^2}$时,作三角代换$x=a\sin t$或$x=a\cos t$;

(2)含 $\sqrt{x^2+a^2}$ 时,作三角代换 $x=a\tan t$ 或 $x=a\cot t$;

(3)含 $\sqrt{x^2-a^2}$ 时,作三角代换 $x=a\sec t$ 或 $x=a\csc t$。

注意:用换元积分法求不定积分时,可以有多种方法作变量代换。

议一议　讲一讲

问题:根据【例 13】(4),求 $\int \sec x\mathrm{d}x$,你能用几种方法,结果有什么不同?

习　题　二

求下列不定积分:

(1) $\int (3x+1)^{10}\mathrm{d}x$　　(2) $\int \mathrm{e}^{-4x}\mathrm{d}x$

(3) $\int \sqrt{3x-1}\mathrm{d}x$　　(4) $\int \sin(a-bx)\mathrm{d}x$

(5) $\int \mathrm{e}^{\sin x}\cos x\mathrm{d}x$　　(6) $\int \frac{2x-3}{x^2-3x-5}\mathrm{d}x$

(7) $\int \sin^4 x\mathrm{d}x$　　(8) $\int \frac{\mathrm{d}x}{1+\mathrm{e}^x}$

(9) $\int \frac{\sin\sqrt{x}}{\sqrt{x}}\mathrm{d}x$　　(10) $\int \frac{1+\tan x}{\sin 2x}\mathrm{d}x$

(11) $\int \frac{\tan x}{\sqrt{\cos x}}\mathrm{d}x$　　(12) $\int \frac{x^2}{\sqrt{a^2-x^2}}\mathrm{d}x$

(13) $\int \frac{\mathrm{d}x}{x^2\sqrt{x^2+1}}$　　(14) $\int \frac{\sqrt{x^2-9}}{x}\mathrm{d}x$

(15) $\int \sqrt{\frac{1-x}{1+x}}\frac{1}{x}\mathrm{d}x$　　(16) $\int \frac{\mathrm{d}x}{x\sqrt{1-x^4}}$

§5.3　不定积分的分部积分法

分部积分法是基本积分法之一。分部积分法常用于被积函数是两种不同类型函数乘积的积分,如 $\int x^n a^x\mathrm{d}x$, $\int x^n\sin\beta x\mathrm{d}x$, $\int x^n\arctan x\mathrm{d}x$, $\int \mathrm{e}^{ax}\cos\beta x\mathrm{d}x$ 等。分部积分是乘积微分公式的逆运算。

设函数 $u(x)$、$v(x)$均具有连续的导函数,乘积微分公式为

$$\mathrm{d}(uv)=u\mathrm{d}v+v\mathrm{d}u$$

移项,得

$$u\mathrm{d}v=\mathrm{d}(uv)-v\mathrm{d}u$$

对上式两边求不定积分,得

$$\int u\mathrm{d}v=uv-\int v\mathrm{d}u \tag{5-3}$$

上式称为分部积分公式。

运用分部积分法的关键在于正确选择 u 和 $\mathrm{d}v$。一般来说，选择 u 和 $\mathrm{d}v$ 可依据以下两个原则：

(1)v 容易求出；

(2)$\int v\mathrm{d}u$ 比 $\int u\mathrm{d}v$ 容易计算。

【例 20】 求 $\int x\cos x\mathrm{d}x$。

解:设 $x=u,\cos x\mathrm{d}x=\mathrm{d}(\sin x)=\mathrm{d}v$,则 $\mathrm{d}u=\mathrm{d}x,v=\sin v$,由分部积分公式得

$$\int x\cos x\mathrm{d}x=\int x\mathrm{d}(\sin x)=x\sin x-\int \sin x\mathrm{d}x=x\sin x+\cos x+C$$

如果选择 $\cos x=u,x\mathrm{d}x=\mathrm{d}\left(\frac{x^2}{2}\right)=\mathrm{d}v$,则 $\mathrm{d}u=-\sin x\mathrm{d}x,v=\frac{x^2}{2}$,由分部积分公式得

$$\int x\cos x\mathrm{d}x=\frac{x^2}{2}\cos x+\int\frac{x^2}{2}\sin x\mathrm{d}x$$

易知上式右端的积分比左端的原积分更难计算出来，故一般不用这种凑微分方法。

【例 21】 求 $\int x^2\mathrm{e}^x\mathrm{d}x$。

解:设 $x^2=u,\mathrm{e}^x\mathrm{d}x=\mathrm{d}(\mathrm{e}^x)=\mathrm{d}v$,则 $\mathrm{d}u=2\mathrm{d}x,v=\mathrm{e}^x$,由分部积分公式得

$$\int x^2\mathrm{e}^x\mathrm{d}x=x^2\mathrm{e}^x-2\int x\mathrm{e}^x\mathrm{d}x$$

对 $\int x\mathrm{e}^x\mathrm{d}x$ 继续使用分部积分公式，令 $x=u,\mathrm{e}^x\mathrm{d}x=\mathrm{d}(\mathrm{e}^x)=\mathrm{d}v$,则 $\mathrm{d}u=\mathrm{d}x,v=\mathrm{e}^x$,于是有

$$\begin{aligned}\int x^2\mathrm{e}^x\mathrm{d}x&=x^2\mathrm{e}^x-2\left(x\mathrm{e}^x-\int\mathrm{e}^x\mathrm{d}x\right)\\&=x^2\mathrm{e}^x-2x\mathrm{e}^x+2\mathrm{e}^x+C\\&=\mathrm{e}^x(x^2-2x+2)+C\end{aligned}$$

【例 22】 求 $\int x\tan^2x\mathrm{d}x$。

解:先变形，后分项积分，再分部积分

$$\int x\tan^2x\mathrm{d}x=\int x(\sec^2x-1)\mathrm{d}x=\int x\sec^2x\mathrm{d}x-\int x\mathrm{d}x$$

对 $\int x\sec^2x\mathrm{d}x$,设 $x=u,\sec^2x\mathrm{d}x=\mathrm{d}\tan x=\mathrm{d}v$,则 $\mathrm{d}u=\mathrm{d}x,v=\tan x$,于是有

$$\begin{aligned}\int x\tan^2x\mathrm{d}x&=\int x\mathrm{d}\tan x-\frac{1}{2}x^2=x\tan x-\int\tan x\mathrm{d}x-\frac{1}{2}x^2\\&=x\tan x+\ln|\cos x|-\frac{1}{2}x^2+C\end{aligned}$$

分部积分法运用熟练后，设 u 和 $\mathrm{d}v$ 的这一步骤可不必写出，且只要满足条件，就可继续运用分部积分法。

【例 23】 求$\int x^2\sin^2 x\mathrm{d}x$。

解：$\int x^2\sin^2 x\mathrm{d}x=\int x^2\,\frac{1}{2}(1-\cos 2x)\mathrm{d}x=\frac{x^3}{6}-\frac{1}{4}\int x^2\mathrm{d}\sin 2x$

$$=\frac{x^3}{6}-\frac{1}{4}x^2\sin 2x+\frac{1}{2}\int x\sin 2x\mathrm{d}x$$

$$=\frac{x^3}{6}-\frac{x^2}{4}\sin 2x-\frac{1}{4}\int x\mathrm{d}\cos 2x$$

$$=\frac{x^3}{6}-\frac{x^2}{4}\sin 2x-\frac{1}{4}x\cos 2x+\frac{1}{4}\int\cos 2x\mathrm{d}x$$

$$=\frac{x^3}{6}-\frac{x^2}{4}\sin 2x-\frac{1}{4}x\cos 2x+\frac{1}{8}\sin 2x+C$$

【例 24】 求$\int\frac{x\cos x}{\sin^3 x}\mathrm{d}x$。

解：$\int\frac{x\cos x}{\sin^3 x}\mathrm{d}x=\int\frac{x\cot x}{\sin^2 x}\mathrm{d}x=\int x\cot x\mathrm{d}(-\cot x)$

$$=-\frac{1}{2}\int x\mathrm{d}\cot^2 x=-\frac{1}{2}(x\cot^2 x-\int\cot^2 x\mathrm{d}x)$$

$$=-\frac{1}{2}(x\cot^2 x+\cot x+x)+C$$

一般来说，形如$\int P_n(x)\mathrm{e}^{ax}\mathrm{d}x$，$\int P_n(x)\sin\beta x\mathrm{d}x$，$\int P_n(x)\cos\beta x\mathrm{d}x$等的不定积分，应选择$P_n(x)=u$，$\mathrm{e}^{ax}\mathrm{d}x$（或$\sin\beta x\mathrm{d}x$或$\cos\beta x\mathrm{d}x$等）$=\mathrm{d}v$。

【例 25】 求$\int x^4\ln x\mathrm{d}x$。

解：$\int x^4\ln x\mathrm{d}x=\int\ln x\mathrm{d}\left(\frac{x^5}{5}\right)=\frac{x^5}{5}\ln x-\int\frac{x^5}{5}\mathrm{d}\ln x=\frac{x^5}{5}\ln x-\frac{1}{5}\int x^4\mathrm{d}x$

$$=\frac{1}{5}x^5\ln x-\frac{1}{25}x^5+C$$

【例 26】 求$\int x\arctan x\mathrm{d}x$。

解：$\int x\arctan x\mathrm{d}x=\int\arctan x\mathrm{d}\left(\frac{x^2}{2}\right)=\frac{x^2}{2}\arctan x-\int\frac{x^2}{2}\mathrm{d}\arctan x$

$$=\frac{x^2}{2}\arctan x-\frac{1}{2}\int\frac{x^2}{1+x^2}\mathrm{d}x$$

$$=\frac{x^2}{2}\arctan-\frac{1}{2}\int\left(1-\frac{1}{1+x^2}\right)\mathrm{d}x$$

$$=\frac{x^2}{2}\arctan x-\frac{1}{2}(x-\arctan x)+C$$

$$=\frac{x^2}{2}\arctan x-\frac{1}{2}x+\frac{1}{2}\arctan x+C$$

【例 27】 求$\int\frac{\ln x}{x^2}\mathrm{d}x$。

解：$\int \frac{\ln x}{x^2}dx = -\int \ln x d\left(\frac{1}{x}\right) = -\frac{\ln x}{x} + \int \frac{1}{x}d\ln x = -\frac{\ln x}{x} + \int \frac{1}{x^2}dx$

$$= -\frac{\ln x}{x} - \frac{1}{x} + C = \frac{1+\ln x}{x} + C$$

【例 28】 求 $\int \arcsin x dx$。

解：$\int \arcsin x dx = x\arcsin x - \int x d\arcsin x$

$$= x\arcsin x - \int \frac{x}{\sqrt{1-x^2}}dx$$

$$= x\arcsin x + \sqrt{1-x^2} + C$$

一般来说，形如 $\int P_n(x)\ln ax dx$，$\int P_n(x)\arcsin\beta x dx$，$\int P_n(x)\arctan\beta x dx$ 等的不定积分，应选择 $\ln ax$(或 $\arcsin\beta x$ 或 $\arccos\beta x$ 等)$=u$，$P_n(x)dx = dv$。

【例 29】 求 $\int e^x \cos x dx$。

解：$\int e^x \cos x dx = \int e^x d\sin x = e^x \sin x - \int e^x \sin x dx$

$$= e^x \sin x + \int e^x d\cos x$$

$$= e^x \sin x + e^x \cos x - \int e^x \cos x dx$$

或

$$\int e^x \cos x dx = \int \cos x de^x = e^x \cos x + \int e^x \sin x dx$$

$$= e^x \cos x + \int \sin x de^x = e^x \cos x + e^x \sin x - \int e^x \cos x dx$$

等式右端出现了原积分，把等式看作以原积分为未知量的方程，解此方程，得

$$2\int e^x \cos x dx = e^x(\sin x + \cos x) + C_1$$

即

$$\int e^x \cos x dx = \frac{1}{2}e^x(\sin x + \cos x) + C \qquad \left(C = \frac{1}{2}C_1\right)$$

一般来说，形如 $\int e^{ax}\sin\beta x dx$，$\int e^{ax}\cos\beta x dx$ 等的不定积分，可任意选择 e^{ax}，$\sin\beta x$ 或 $\cos\beta x$ 作为 u，余下的作为 dv。

【例 30】 求 $\int \sec^3 x dx$。

解：$\int \sec^3 x dx = \int \sec^2 x \sec x dx = \int \sec x d\tan x = \sec x \tan x - \int \tan x d\sec x$

$$= \sec x \tan x - \int \tan^2 x \sec x dx$$

$$= \sec x \tan x - \int (\sec^2 x - 1)\sec x dx$$

$$=\sec x\tan x-\int\sec^3 x\mathrm{d}x+\int\sec x\mathrm{d}x$$

$$=\sec x\tan x+\ln|\sec x+\tan x|-\int\sec^3 x\mathrm{d}x$$

移项后，等式两端同除以 2，即得

$$\int\sec^3 x\mathrm{d}x=\frac{1}{2}\sec x\tan x+\frac{1}{2}\ln|\sec x+\tan x|+C$$

【例 31】 求 $\int\frac{x^2\arctan x}{1+x^2}\mathrm{d}x$。

解： $$\int\frac{x^2\arctan x}{1+x^2}\mathrm{d}x=\int\frac{x^2+1-1}{1+x^2}\arctan x\mathrm{d}x=\int\arctan x\mathrm{d}x-\int\frac{\arctan x}{1+x^2}\mathrm{d}x$$

$$=x\arctan x-\int\frac{x}{1+x^2}\mathrm{d}x-\int\arctan x\mathrm{d}\arctan x$$

$$=x\arctan x-\frac{1}{2}\ln(1+x^2)-\frac{1}{2}(\arctan x)^2+C$$

由以上例题可以看出，不定积分的计算有时是综合各种方法进行的，遇到具体情况需要具体分析。

议一议　讲一讲

问题：根据例 28 求 $\int\arctan x\mathrm{d}x$ 的值。

习　题　三

求下列不定积分：

(1) $\int x\sin x\mathrm{d}x$　　(2) $\int\ln^2 x\mathrm{d}x$

(3) $\int(\arcsin x)^2\mathrm{d}x$　　(4) $\int x\mathrm{e}^{-x}\mathrm{d}x$

(5) $\int x^2\ln x\mathrm{d}x$　　(6) $\int\mathrm{e}^{-x}\cos 2x\mathrm{d}x$

(7) $\int\frac{\arctan\mathrm{e}^x}{\mathrm{e}^x}\mathrm{d}x$　　(8) $\int x^2\ln(1+x)\mathrm{d}x$

(9) $\int\cos(\ln x)\mathrm{d}x$　　(10) $\int\frac{x\mathrm{e}^x}{\sqrt{1+\mathrm{e}^x}}\mathrm{d}x$

§5.4　定积分的概念与性质

一、任务引入

实例　求曲边梯形的面积。

所谓曲边梯形是指在直角坐标系下，由闭区间$[a,b]$上的连续曲线 $y=f(x)$（$f(x)\geqslant 0$），x 轴及两条直线 $x=a$，$x=b$ 所围成的平面图形 $aABb$，如图 5-5 所示。

下面讨论如何计算曲边梯形的面积。

在初等数学中，直边图形面积可以计算，而曲边图形的面积不能计算。但我们知道，"曲"与"直"是可以转化的，只要设法创造适当的条件，就可实现"曲"与"直"的转化。由于曲边 $y=f(x)$是闭区间$[a,b]$上的连续曲线，所以，在$[a,b]$内很小的一段区间$[x_{i-1},x_i]$上$f(x)$变化不大，可近似看成常量 $f(\xi_i)$（$\xi_i\in[x_{i-1},x_i]$）。于是由直线 $x=x_{x-1}$，$x=x_i$，x 轴和曲线 $y=f(x)$所围成的小曲边梯形的面积可由高为 $f(\xi_i)$，底边长为 $\Delta x_i=x_i-x_{i-1}$的矩形面积来近似代替：$\Delta A_i\approx f(\xi_i)\Delta x_i$，如图 5-6 所示。显然底边长 Δx_i 越小，近似程度越高。由此可得到计算曲边梯形面积的一般方法，其步骤如下所述。

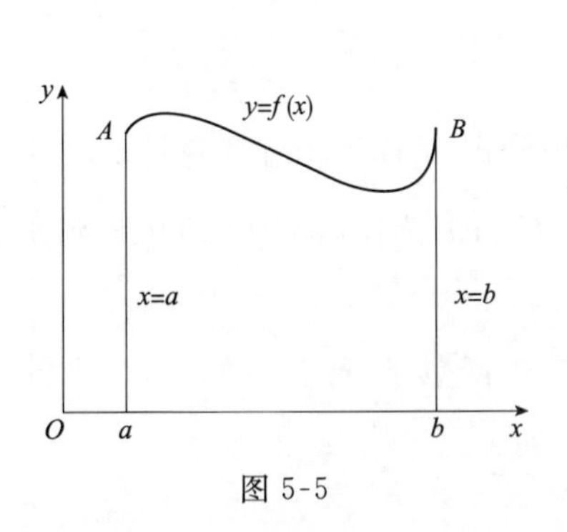

图 5-5

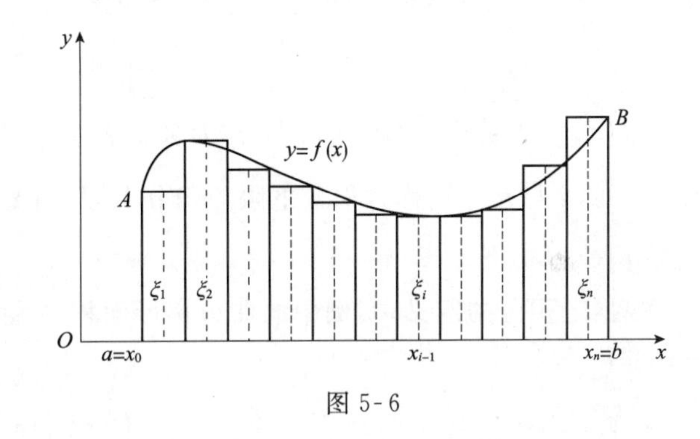

图 5-6

1. 分割（化整为零）

在区间$[a,b]$内插入若干个分点：$a=x_0<x_1<x_2<\cdots<x_{n-1}<x_n=b$，把区间$[a,b]$分成 n 个子区间$[x_{i-1},x_i]$，长度为 $\Delta x_i=x_i-x_{i-1}$。过每个分点作垂直于 x 轴的直线，将曲边梯形 $aABb$ 分成 n 个小曲边梯形。

2. 近似代替（以直代曲）

在每个子区间$[x_{i-1},x_i]$上任取一点 ξ_i，则第 i 个曲边梯形面积 ΔA_i 可用以$[x_{i-1},x_i]$为底，$f(\xi_i)$为高的小矩形面积 $f(\xi_i)\Delta x_i$ 近似代替，即

$$\Delta A_i\approx f(\xi_i)\Delta x_i\ (i=1,2,\cdots,n)$$

3. 求和（积零为整）

把 n 个小曲边梯形面积加起来，就是曲边梯形 $aABb$ 的面积A 的近似值，即

$$A=\sum_{i=1}^{n}\Delta A_i\approx\sum_{i=1}^{n}f(\xi_i)\Delta x_i$$

4. 取极限

当分割无限加细，即子区间的最大长度 $\lambda=\max\{\Delta x_1,\Delta x_2,\cdots,\Delta x_n\}$趋近于零（$\lambda\to 0$）时，第 3 步中和式的极限就是曲边梯形面积的精确值，即

$$A=\lim_{\lambda\to 0}\sum_{i=1}^{n}f(\xi_i)\Delta x_i$$

实际上，在科学技术中有许多实际问题都可归结为此类和式极限，如变速直线运动的路

程、非恒定电流电路的电流等。抛开问题的实际意义，数学上从这类和式极限中概括、抽象出定积分的概念。

二、定积分的定义

定义 4 设函数 $f(x)$ 的区间 $[a,b]$ 上有定义，在 $[a,b]$ 中任意插入若干个分点：$a=x_0<x_1<x_2<\cdots<x_{n-1}<x_n=b$，把区间 $[a,b]$ 分成 n 个子区间，各个区间的长度依次为 $\Delta x_i=x_i-x_{i-1}(i=1,2,\cdots,n)$。在各子区间上任取一点 $\xi_i(\xi_i\in[x_{i-1},x_i])$，作乘积 $f(\xi_i)\Delta x_i(i=1,2,\cdots,n)$，并作和 $S=\sum\limits_{i=1}^{n}f(\xi_i)\Delta x_i$，记 $\lambda=\max\{\Delta x_1,\Delta x_2,\cdots,\Delta x_n\}$。如果不论对 $[a,b]$ 怎样的分法，也无论在子区间 $[x_{i-1},x_i]$ 上点 ξ_i 怎样的取法，当 $\lambda\to 0$ 时，和 S 的极限总存在，就称极限 I 为函数 $f(x)$ 在区间 $[a,b]$ 上的定积分，记作

$$\int_a^b f(x)\mathrm{d}x=I=\lim_{\lambda\to 0}\sum_{i=1}^{n}f(\xi_i)\Delta x_i$$

式中，$f(x)$ 称为被积函数；$f(x)\mathrm{d}x$ 称为被积表达式或被积分式；x 称为积分变量；$[a,b]$ 称为积分区间，a 与 b 分别称为积分下限与积分上限；符号 $\int_a^b f(x)\mathrm{d}x$ 读作函数 $f(x)$ 从 a 到 b 的定积分。

根据定积分的定义，实例中的曲边梯形面积 A 就是曲边函数 $f(x)$ 在区间 $[a,b]$ 上的定积分，即

$$A=\int_a^b f(x)\mathrm{d}x$$

关于定义可作以下说明：

(1)积分值仅与被积函数及积分区间有关，而与积分变量的字母无关，即

$$\int_a^b f(x)\mathrm{d}x=\int_a^b f(t)\mathrm{d}t=\int_a^b f(u)\mathrm{d}u$$

(2)定义中区间的分法和 ξ_i 的取法的任意的。

(3)当函数 $f(x)$ 在区间 $[a,b]$ 上的定积分存在时，称 $f(x)$ 在区间 $[a,b]$ 上可积。

(4) $\int_a^b f(x)\mathrm{d}x=-\int_b^a f(x)\mathrm{d}x$；若 $a=b$，规定 $\int_a^a f(x)\mathrm{d}x=0$。

三、定积分的几何意义

由曲边梯形面积的计算可知：当 $f(x)>0$ 时，$\int_a^b f(x)\mathrm{d}x=A$($A$ 为曲边梯形的面积)；当 $f(x)<0$ 时，$\int_a^b f(x)\mathrm{d}x=-A$；当 $f(x)$ 在区间 $[a,b]$ 上有正有负时，$\int_a^b f(x)\mathrm{d}x=A_1-A_2+A_3-A_4$，如图 5-7 所示。

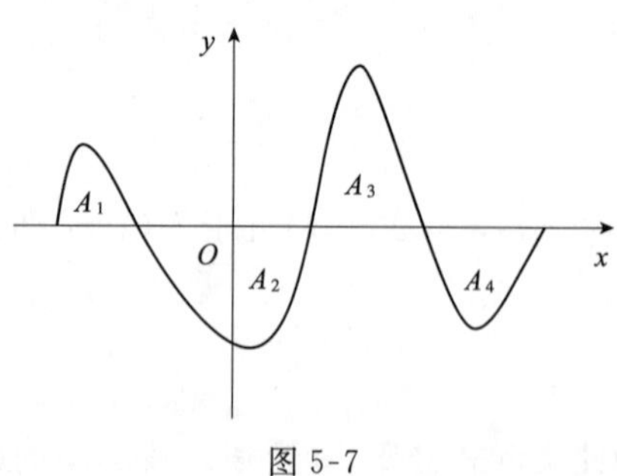

图 5-7

定积分的几何意义为：在几何上，定积分 $\int_a^b f(x)\mathrm{d}x$ 的值就是介于 x 轴、函数 $y=f(x)$ 的图形及两条直线

$x=a$、$x=b$之间的各部分面积的代数和。

根据定积分的几何意义，有些定积分值可直接从几何中的面积公式得到，例如，因为$\int_a^b \mathrm{d}x$在几何上表示高为1、底为$b-a$的矩形面积，所以有

$$\int_a^b \mathrm{d}x = b-a \tag{5-4}$$

四、定积分的性质

假设所提到的函数在所讨论区间上均可积。

性质1　（线性性质）

$$\int_a^b [Af(x)+Bg(x)]\mathrm{d}x = A\int_a^b f(x)\mathrm{d}x + B\int_a^b g(x)\mathrm{d}x$$

式中，A、B为常数。

此性质可直接从定积分的定义得到，在此不给出其证明过程，感兴趣的读者可自行证明。此性质可推广，其对有限多个函数都成立。

性质2　（定积分对积分区间的可加性）

$$\int_a^b f(x)\mathrm{d}x = \int_a^c f(x)\mathrm{d}x + \int_c^b f(x)\mathrm{d}x$$

其中，$c\in[a,b]$或$c\notin[a,b]$。

性质3　（比较性质）

若$f(x)\geqslant g(x)$，$x\in[a,b]$，则$\int_a^b f(x)\mathrm{d}x\geqslant\int_a^b g(x)\mathrm{d}x$。

此性质可直接从定积分的定义得到，在此不给出其证明过程，感兴趣的读者可自行证明。

推论1　（保号性质）若$f(x)\geqslant 0$，$x\in[a,b]$，则$\int_a^b f(x)\mathrm{d}x\geqslant 0$。

推论2　$\left|\int_a^b f(x)\mathrm{d}x\right|\leqslant\int_a^b |f(x)|\mathrm{d}x$

性质4　（估值性质）

若$m\leqslant f(x)\leqslant M$，$x\in[a,b]$，则$m(b-a)\leqslant\int_a^b f(x)\mathrm{d}x\leqslant M(b-a)$。

证明：因为$m\leqslant f(x)\leqslant M$，$x\in[a,b]$，由性质3可得

$$\int_a^b m\mathrm{d}x \leqslant \int_a^b f(x)\mathrm{d}x \leqslant \int_a^b M\mathrm{d}x$$

又因为

$$\int_a^b m\mathrm{d}x = m\int_a^b \mathrm{d}x = m(b-a),\int_a^b M\mathrm{d}x = M(b-a)$$

所以

$$m(b-a)\leqslant\int_a^b f(x)\mathrm{d}x\leqslant M(b-a)$$

性质 5 （积分中值定理）

若函数 $y=f(x)$ 在 $[a,b]$ 上连续，则至少存在一点 $\xi\in[a,b]$，使

$$\int_a^b f(x)\mathrm{d}x=f(\xi)(b-a)$$

证明：因为函数 $f(x)$ 在闭区间 $[a,b]$ 上连续，所以存在最小值 m 和最大值 M，即 $m\leqslant f(x)\leqslant M$，根据估值性质有

$$m(b-a)\leqslant\int_a^b f(x)\mathrm{d}x\leqslant M(b-a)$$

即

$$m\leqslant\frac{1}{b-a}\int_a^b f(x)\mathrm{d}x\leqslant M$$

由闭区间上连续函数的介值性质可知，至少存在一点 $\xi\in[a,b]$，使

$$f(\xi)=\frac{1}{b-a}\int_a^b f(x)\mathrm{d}x$$

即

$$\int_a^b f(x)\mathrm{d}x=f(\xi)(b-a),\xi\in[a,b]$$

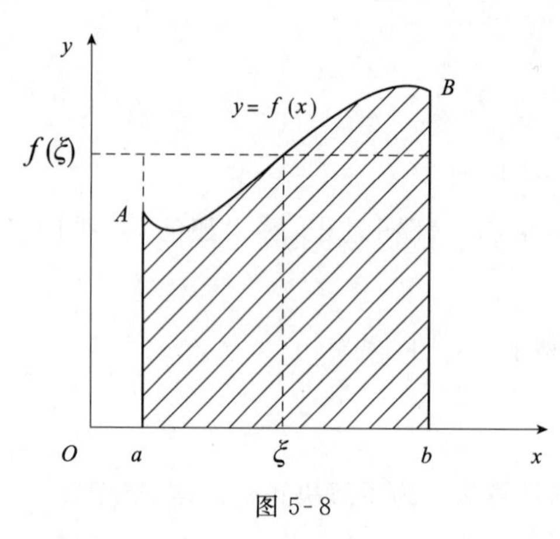

图 5-8

积分中值定理的几何解释：如果 $f(x)\geqslant 0$ 在 $[a,b]$ 上连续，则至少存在一点 $\xi\in[a,b]$ 使得以 $f(\xi)$ 为高，$(b-a)$ 为底的矩形面积等于曲线 $y=f(x)$ 为曲边，$(b-a)$ 为底的曲面梯形面积，如图 5-8 所示。

因此也把 $f(\xi)$ 称为连续曲线 $y=f(x)$ 在 $[a,b]$ 上的平均高度，或称为连续函数 $y=f(x)$ 在 $[a,b]$ 上的平均值。所以积分中值定理解决了求一个连续变量的平均值问题，比如求平均速度、平均电压、平均电流、平均温度、平均寿命等问题都可以用定积分来求解。

【例 32】 估计定积分 $\int_0^1 \mathrm{e}^{-x^2}\mathrm{d}x$ 值的范围。

解：先求出函数 $f(x)=\mathrm{e}^{-x^2}$ 在 $[0,1]$ 上的最小值和最大值，为此，求导数

$$f'(x)=-2x\mathrm{e}^{-x^2}$$

令 $f'(x)=0$，得驻点 $x=0$，比较 $f(0)=1$，$f(1)=\mathrm{e}^{-1}$，得最小值为 $f(1)=\mathrm{e}^{-1}$，最大值为 $f(0)=1$。

根据估值性质得

$$\mathrm{e}^{-1}\leqslant\int_0^1 \mathrm{e}^{-x^2}\mathrm{d}x\leqslant 1$$

议一议 讲一讲

问题1：定积分$\int_a^b f(x)\mathrm{d}x$是（　　）。

A. $f(x)$的一个原函数　　　　B. 任意常数

C. $f(x)$的全体原函数　　　　D. 确定常数

问题2：$\int_{\frac{1}{2}}^{2}|\ln x|\mathrm{d}x=$（　　）。

A. $\int_{\frac{1}{2}}^{1}\ln x\mathrm{d}x+\int_1^2\ln x\mathrm{d}x$　　　　B. $-\int_{\frac{1}{2}}^{1}\ln x\mathrm{d}x+\int_1^2\ln x\mathrm{d}x$

C. $\int_{\frac{1}{2}}^{1}\ln x\mathrm{d}x-\int_1^2\ln x\mathrm{d}x$　　　　D. $-\int_{\frac{1}{2}}^{1}\ln x\mathrm{d}x-\int_1^2\ln x\mathrm{d}x$

习　题　四

1. 估计定积分$\int_1^4(x^2+1)\mathrm{d}x$值的范围。

2. 不计算积分比较积分值的大小。

(1) $\int_0^1 x\mathrm{d}x$和$\int_0^1 x^2\mathrm{d}x$　　　　(2) $\int_0^1 \mathrm{e}^x\mathrm{d}x$和$\int_0^1 \mathrm{e}^{x^2}\mathrm{d}x$

3. 利用定积分的几何意义，说明$\int_{-\frac{\pi}{2}}^{\frac{\pi}{2}}\sin x\mathrm{d}x=0$的意义。

§5.5　微积分的基本公式

从§5.4节中可以了解到如果直接用定义计算定积分的值，即使被积函数很简单，也是一件十分困难的事。所以，需要寻找简便而有效的计算法。为了解决这一问题，要研究定积分和不定积分之间的联系。

一、变上限定积分

定积分$\int_a^b f(t)\mathrm{d}t$在几何上表示连续曲线$y=f(x)$在区间$[a,b]$上的曲边梯形$AabB$的面积。如果x是区间$[a,b]$上任一点，同样，定积分$\int_0^x f(t)\mathrm{d}t$表示曲线$y=f(x)$在部分区间$[a,x]$上曲边梯形$AaxC$的面积，如在图5-9中阴影部分所示的面积。当x在区间$[a,b]$上变化时，阴影

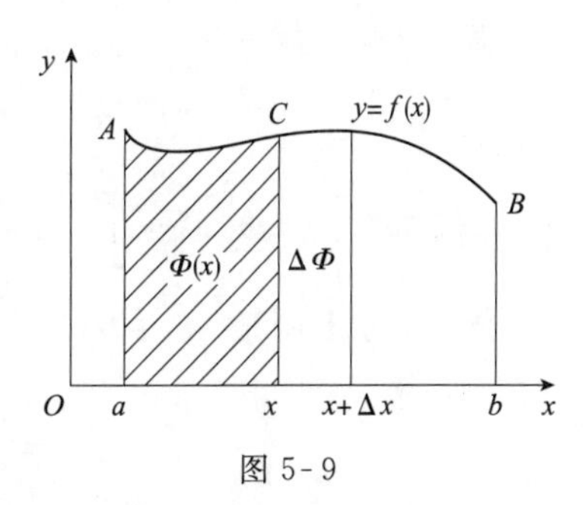

图5-9

部分的梯形面积也随之变化，所以变上限定积分$\int_a^x f(t)\mathrm{d}t$是上限变量x的函数，记作$\Phi(x)$，即$\Phi(x)=\int_a^x f(t)\mathrm{d}t(a\leqslant x\leqslant b)$。

变上限定积分的重要性质如下所述。

定理 3 若函数$f(x)$在区间$[a,b]$上连续，则函数$\Phi(x)=\int_a^x f(t)\mathrm{d}t$是函数$f(x)$的原函数，即

$$\Phi'(x)=[\int_a^x f(t)\mathrm{d}t]'=f(x)\text{或 }\mathrm{d}\Phi(x)=\mathrm{d}\int_a^x f(t)\mathrm{d}t=f(x)\mathrm{d}x$$

证明：按导数定义，只要证$\lim\limits_{\Delta x\to 0}\dfrac{\Delta\Phi(x)}{\Delta x}=f(x)$即可，给自变量$x$以增量$\Delta x$，且$x+\Delta x\in[a,b]$，由$\Phi(x)$的定义得对应的函数$\Phi(x)$的增量$\Delta\Phi(x)$，即

$$\begin{aligned}\Delta\Phi(x)&=\Phi(x+\Delta x)-\Phi(x)\\&=\int_a^{x+\Delta x}f(t)\mathrm{d}t-\int_a^x f(t)\mathrm{d}t\\&=\int_a^x f(t)\mathrm{d}t+\int_x^{x+\Delta x}f(t)\mathrm{d}t-\int_a^x f(t)\mathrm{d}t\\&=\int_x^{x+\Delta x}f(t)\mathrm{d}t\end{aligned}$$

根据积分中值定理知道，在x与$x+\Delta x$之间至少存在一点ξ，使$\Delta\Phi(x)=\int_x^{x+\Delta x}f(t)\mathrm{d}t=f(\xi)\Delta x$成立。又因为$f(x)$在区间$[a,b]$上连续，所以，当$\Delta x\to 0$时有$\xi\to x$，$f(\xi)\to f(x)$，从而有

$$\Phi'(x)=\lim_{\Delta x\to 0}\frac{\Delta\Phi(x)}{\Delta x}=\lim_{\xi\to x}f(\xi)=f(x)$$

故$(\int_a^x f(t)\mathrm{d}t)'x=f(x)$。

这个定理表明：如果函数$y=f(x)$在$[a,b]$上连续，则它的原函数必定存在，并且它的一个原函数可以用定积分形式表示为

$$\Phi(x)=\int_a^x f(t)\mathrm{d}t$$

【例 33】 已知$F(x)=\int_x^0\sin(3t-1)\mathrm{d}t$，求$F'(x)$。

解：根据定理 3 得

$$F'(x)=[-\int_0^x\sin(3t-1)\mathrm{d}t]'=-\sin(3x-1)$$

【例 34】 设$\Phi(x)=\int_1^{\sqrt{x}}\cos(t^2)\mathrm{d}t$，求$\Phi'(x)$。

解：积分上限是$\sqrt{x}$，它是x的函数，所以变上限定积分是x的复合函数，由复合函数求导法则，得

$$\Phi'(x)=[\int_1^{\sqrt{x}}\cos(t^2)\mathrm{d}t]'_x=[\int_1^{\sqrt{x}}\cos(t^2)\mathrm{d}t]'_{\sqrt{x}}(\sqrt{x})'_x=\frac{1}{2\sqrt{x}}\cos x$$

【例 35】 设 $y=\int_{x}^{x^2}\sqrt{1+t^3}\,\mathrm{d}t$，求$\dfrac{\mathrm{d}y}{\mathrm{d}x}$。

解：因为积分的上下限都是变量，先把它拆成两个积分之和，然后再求导。

$$\begin{aligned}\frac{\mathrm{d}y}{\mathrm{d}x}&=\left(\int_{x}^{x^2}\sqrt{1+t^3}\,\mathrm{d}t\right)'_x\\&=\left(\int_{x}^{a}\sqrt{1+t^3}\,\mathrm{d}t+\int_{a}^{x^2}\sqrt{1+t^3}\,\mathrm{d}t\right)'_x\\&=-\left(\int_{a}^{x}\sqrt{1+t^3}\,\mathrm{d}t\right)'_x+\left(\int_{a}^{x^2}\sqrt{1+t^3}\,\mathrm{d}t\right)'_x\end{aligned}$$

后一个积分上限是 x^2，它是 x 的复合函数，应按复合函数求导法则，从而有

$$\begin{aligned}\frac{\mathrm{d}y}{\mathrm{d}x}&=-\sqrt{1+x^3}+\left(\int_{a}^{x^2}\sqrt{1+t^3}\,\mathrm{d}t\right)'_{x^2}\cdot(x^2)'_x\\&=-\sqrt{1+x^3}+2x\sqrt{1+x^6}\end{aligned}$$

二、牛顿—莱布尼兹公式

定理 4 设函数 $F(x)$是连续函数 $f(x)$在区间$[a,b]$上的一个原函数，则

$$\int_{a}^{b}f(x)\,\mathrm{d}x=F(b)-F(a) \tag{5-5}$$

证明：因为 $\Phi(x)=\int_{a}^{x}f(t)\,\mathrm{d}t$ 是 $f(x)$的一个原函数，所以

$$F(x)-\Phi(x)=C \quad (C\text{ 为常数})$$

即

$$F(x)-\int_{a}^{x}f(t)\,\mathrm{d}t=C$$

令 $x=a$，代入上式，得 $F(a)=C$，于是

$$F(x)=\int_{a}^{x}f(t)\,\mathrm{d}t+F(a)$$

再令 $x=b$，代入上式，得 $F(b)=\int_{a}^{b}f(t)\,\mathrm{d}t+F(a)$，于是

$$\int_{a}^{b}f(x)\,\mathrm{d}x=[F(x)]_a^b=F(b)-F(a) \tag{5-6}$$

上述公式称为牛顿—莱布尼兹公式。这个公式揭示了不定积分和定积分之间的内在联系。它表明：计算定积分只要先用不定积分求出被积函数的一个原函数，再将积分上限和积分下限分别代入求其差即可。其为计算连续函数的定积分提供了有效而简便的方法，这个公式也称为微积分基本公式。

【例 36】 计算 $\int_{0}^{2}x^2\,\mathrm{d}x$。

解：$\int_{0}^{2}x^2\,\mathrm{d}x=\left[\frac{1}{3}x^3\right]_0^2=\frac{8}{3}-0=\frac{8}{3}$

【例 37】 计算 $\int_{-2}^{-4}\frac{1}{x}\,\mathrm{d}x$。

解：$\int_{-2}^{-4}\frac{1}{x}\,\mathrm{d}x=\Big[\ln|x|\Big]_{-2}^{-4}=\ln4-\ln2=\ln2$

【例 38】 计算$\int_0^{\sqrt{a}} xe^{x^2}dx$。

解：$\int_0^{\sqrt{a}} xe^{x^2}dx=\frac{1}{2}\int_0^{\sqrt{a}} e^{x^2}dx^2=\left[\frac{1}{2}e^{x^2}\right]_0^{\sqrt{a}}=\frac{1}{2}(e^a-1)$

【例 39】 计算$\int_{\frac{1}{2}}^2 |\ln x|dx$。

解：当$\frac{1}{2}\leqslant x\leqslant 1$时，$\ln x\leqslant 0$，$|\ln x|=-\ln x$；当$1\leqslant x\leqslant 2$时，$\ln x\geqslant 0$，$|\ln x|=\ln x$，故

$$\int_{\frac{1}{2}}^2 |\ln x|dx=\int_{\frac{1}{2}}^1 |\ln x|dx+\int_1^2 |\ln x|dx=-\int_{\frac{1}{2}}^1 \ln xdx+\int_1^2 \ln xdx$$

又因为

$$\int \ln xdx=x\ln x-\int dx=x\ln x-x+C$$

所以

$$\int_{\frac{1}{2}}^1 \ln xdx=[x\ln x-x]_{\frac{1}{2}}^1=\left(-1-\frac{1}{2}\ln\frac{1}{2}+\frac{1}{2}\right)=-\frac{1}{2}(1-\ln 2)$$

$$\int_1^2 \ln xdx=[x\ln x-x]_1^2=2\ln 2-1$$

于是

$$原式=\int_{\frac{1}{2}}^2 |\ln x|dx=\frac{1}{2}(1-\ln 2)+(2\ln 2-1)=-\frac{1}{2}+\frac{3}{2}\ln 2$$

【例 40】 设$f(x)=\begin{cases}x^2, & -2\leqslant x<0\\ \cos x-1, & 0\leqslant x<\pi\end{cases}$，计算$\int_{-2}^{\pi} f(x)dx$。

解：
$$\int_{-2}^{\pi} f(x)dx=\int_{-2}^0 f(x)dx+\int_0^{\pi} f(x)dx=\int_{-2}^0 x^2dx+\int_0^{\pi}(\cos x-1)dx$$
$$=\left[\frac{1}{3}x^3\right]_{-2}^0+[\sin x]_0^{\pi}-[x]_0^{\pi}=\frac{8}{3}-\pi$$

【例 41】 求曲线$y=\sin x$和x轴在区间$[0,\pi]$上所围成图形的面积A。

解：这个图形的面积为

$$A=\int_0^{\pi}\sin xdx=[-\cos x]_0^{\pi}$$
$$=-\cos\pi-(\cos 0)=1+1=2$$

议一议 讲一讲

问题 1：变上限积分$\int_a^x f(t)dt$是(　　)。

A. $f'(x)$的一个原函数　　B. $f(x)$的一个原函数

C. $f'(x)$的全体原函数　　D. $f(x)$的全体原函数

问题 2：若$\int_0^1 (2x+k)dx$，则$k=$(　　)。

A. 0　　B. -1　　C. $\frac{1}{2}$　　D. 1

习 题 五

1. 求下列各函数的导数：

(1) $F(x)=\int_{x^2}^{x^3} e^t dt$　　(2) $F(x)=\int_{x}^{2} te^{-t} dt$

2. 求下列定积分：

(1) $\int_1^4 (4x^3-2x+1)dx$　　(2) $\int_4^9 \sqrt{x}(1+\sqrt{x})dx$

(3) $\int_1^{\sqrt{3}} \frac{1+2x^2}{x^2(1+x^2)}dx$　　(4) $\int_1^3 \left(x+\frac{1}{x}\right)^2 dx$

(5) $\int_0^{2\pi} |\sin x| dx$　　(6) $\int_{-\frac{\pi}{2}}^{\frac{\pi}{2}} \sqrt{\cos^3 x-\cos^5 x}dx$

§5.6　定积分的换元积分法和分部积分法

一、定积分的换元积分法

牛顿—莱布尼兹公式给出了计算定积分的基本方法，由于计算中首先要求出被积函数的原函数，因此，有时要用到不定积分的换元法与分部积分法。

【例 42】 计算 $\int_0^1 \frac{dx}{1+\sqrt{x}}$。

解：首先求不定积分 $\int \frac{dx}{1+\sqrt{x}}$。令 $\sqrt{x}=t$，则 $x=t^2$，$dx=2tdt$，所以

$$\int \frac{dx}{1+\sqrt{x}}=\int \frac{2tdt}{1+t}=2t-2\ln|1+t|+C$$

回代 $t=\sqrt{x}$，得

$$\int \frac{dx}{1+\sqrt{x}}=2\sqrt{x}-2\ln(1+\sqrt{x})+C$$

再求定积分，得

$$\int_0^1 \frac{dx}{1+\sqrt{x}}=\left[2\sqrt{x}-2\ln(1+\sqrt{x})\right]_0^1=2-2\ln 2$$

在求原函数的过程中，需将变量替换 $\sqrt{x}=t$ 再回代，那么能否省略回代的步骤，直接由以 t 为自变量的原函数的表达式 $2t-2\ln|1+t|$，去求它在某两个点的函数值之差呢？下面介绍定积分的换元积分法。

定理 5　设函数 $f(x)$ 在区间 $[a,b]$ 上连续，作变换 $x=\varphi(t)$，满足：

(1) $x=\varphi(t)$ 在 $[\alpha,\beta]$ 上有连续导数 $\varphi'(t)$；

(2) 当 t 在 $[\alpha,\beta]$ 上变化时，$x=\varphi(t)$ 的值在 $[a,b]$ 上的变化；

(3) $\varphi'(\alpha)=a$，$\varphi'(\beta)=b$。

则有

$$\int_{a}^{b} f(x)\mathrm{d}x = \int_{\alpha}^{\beta} f[\varphi(t)]\varphi'(t)\mathrm{d}t \tag{5-7}$$

证明：因为函数 $f(x)$在区间$[a,b]$上连续，所以 $f(x)$可积，设 $F(x)$是 $f(x)$的一个原函数，由复合函数微分法可知，$F[\varphi(t)]$也是 $f[\varphi(t)]\varphi'(t)$的一个原函数。由牛顿—莱布尼兹公式可得

$$\int_{a}^{b} f(x)\mathrm{d}x = F(b) - F(a) = F[\varphi(\beta)] - F[\varphi(\alpha)]$$

$$\int_{\alpha}^{\beta} f[\varphi(t)]\varphi'(t)\mathrm{d}t = F[\varphi(t)]\big|_{\alpha}^{\beta} = F[\varphi(\beta)] - [\varphi(\alpha)]$$

于是有

$$\int_{a}^{b} f(x)\mathrm{d}x = \int_{\alpha}^{\beta} f[\varphi(t)]\varphi'(t)\mathrm{d}t$$

在应用上面定理时，应注意以下两点：

(1)从左到右应用以上公式相当于不定积分的第二换元法。计算时，用 $x=\varphi(t)$把原积分变量 x 换成新变量 t，积分限也必须由 a 和 b 换为新变量 t 的积分限 α 和 β，而不用代回原积分变量 x。这与不定积分的第二换元法是完全不同的。

(2)从右到左应用公式，相当于不定积分的第一换元法(凑微分法)，一般不用引入新的积分变量。这时，原积分的积分上限和积分下限不需要改变。只要求出被积函数的一个原函数，就可直接应用牛顿—莱布尼兹公式求出定积分的值，即

$$\int_{\alpha}^{\beta} f[\varphi(t)]\varphi'(t)\mathrm{d}t = \int_{\alpha}^{\beta} f[\varphi(t)]\mathrm{d}\varphi(t) = F[\varphi(t)]\big|_{\alpha}^{\beta}$$

其中，$F(x)$是 $f(x)$的一个原函数。

【例 43】 计算$\int_{0}^{1} \frac{\mathrm{d}x}{1+\sqrt{x}}$。

解：方法一：令$\sqrt{x}=t$，即 $x=t^2(t\geqslant 0)$，则 $\mathrm{d}x=2t\mathrm{d}t$。当 $x=0$ 时，$t=0$；当 $x=1$ 时，$t=1$。于是得

$$\int_{0}^{1} \frac{\mathrm{d}x}{1+\sqrt{x}} = \int_{0}^{1} \frac{2t}{1+t}\mathrm{d}t = 2\int_{0}^{1} \left(1-\frac{1}{1+t}\right)\mathrm{d}t = 2[t-\ln(1+t)]_{0}^{1} = 2-2\ln 2$$

这一解法明确地设出了新的积分变量 t。这时，应更换积分的积分上限和积分下限，但不必代回原积分变量。

方法二：$\displaystyle\int_{0}^{1} \frac{\mathrm{d}x}{1+\sqrt{x}} = \int_{0}^{1} \frac{\mathrm{d}(\sqrt{x})^2}{1+\sqrt{x}} = \int_{0}^{1} \frac{2\sqrt{x}\mathrm{d}\sqrt{x}}{1+\sqrt{x}} = 2\int_{0}^{1} \frac{1+\sqrt{x}-1}{1+\sqrt{x}}\mathrm{d}\sqrt{x}$

$$= 2\int_{0}^{1} \left(1-\frac{1}{1+\sqrt{x}}\right)\mathrm{d}\sqrt{x} = 2\left[\sqrt{x}-\ln(1+\sqrt{x})\right]_{0}^{1}$$

$$= 2-2\ln 2$$

这一解法没有引入新的积分变量。计算时，原积分的积分上限和积分下限不要改变。对于能用凑微分法求原函数的积分，应尽可能用方法二的方法。

【例 44】 计算$\int_{0}^{1} \frac{\mathrm{d}x}{\sqrt{(1+x^2)^3}}$。

解:令 $x=\tan t, t\in\left(-\frac{\pi}{2},\frac{\pi}{2}\right)$,则 $dx=\sec^2 t dt$,当 $x=0$ 时,$t=0$;当 $x=1$ 时,$t=\frac{\pi}{4}$,于是有

$$\int_0^1 \frac{dx}{\sqrt{(1+x^2)^3}}=\int_0^{\frac{\pi}{4}} \frac{\sec^2 t dt}{\sqrt{(\sec^2 t)^3}}=\int_0^{\frac{\pi}{4}} \cos t dt=[\sin t]_0^{\frac{\pi}{4}}=\frac{\sqrt{2}}{2}$$

【例 45】 证明:(1)若 $f(x)$在$[-a,a]$上连续,且为偶函数,则

$$\int_{-a}^{a} f(x)dx=2\int_0^a f(x)dx$$

(2)若 $f(x)$在$[-a,a]$上连续,且为奇函数,则

$$\int_{-a}^{a} f(x)dx=0$$

证明:因为 $\int_{-a}^{a} f(x)dx=\int_{-a}^{0} f(x)dx+\int_0^a f(x)dx$,对于积分 $\int_{-a}^{0} f(x)dx$,作变量代换。令 $x=-t, dx=-dt$,当 $x=-a$ 时,$t=a$;当 $x=0$ 时,$t=0$。于是有

$$\int_{-a}^{0} f(x)dx=-\int_a^0 f(-t)dt=\int_0^a f(-t)dt=\int_0^a f(-x)dx$$

所以

$$\begin{aligned}\int_{-a}^{a} f(x)dx &=\int_0^a f(-x)dx+\int_0^a f(x)dx \\ &=\int_0^a [f(-x)+f(x)]dx\end{aligned}$$

(1)若 $f(x)$为偶函数,即 $f(-x)=f(x)$,即 $f(-x)+f(x)=2f(x)$,则有

$$\int_{-a}^{a} f(x)dx=2\int_0^a f(x)dx$$

(2)若 $f(x)$为奇函数,即 $f(-x)=-f(x)$,即 $f(-x)+f(x)=0$,则有

$$\int_{-a}^{a} f(x)dx=0$$

本例的结果,在今后的计算中可以直接运用。

【例 46】 证明 $\int_{-2}^{2} \frac{x^3\cos x}{1+\sin^4 x}dx=0$。

证明:因为 $f(x)=\frac{x^3\cos x}{1+\sin^4 x}$为奇函数,由【例 45】的结论,即得

$$\int_{-2}^{2} \frac{x^3\cos x}{1+\sin^4 x}dx=0$$

【例 47】 计算 $\int_{-\frac{\pi}{2}}^{\frac{\pi}{2}} \sqrt{1-\cos^2 x}dx$。

解:由于 $f(x)=\sqrt{1-\cos^2 x}$是偶函数,所以

$$\int_{-\frac{\pi}{2}}^{\frac{\pi}{2}} \sqrt{1-\cos^2 x}dx=2\int_0^{\frac{\pi}{2}} \sqrt{1-\cos^2 x}dx=2\int_0^{\frac{\pi}{2}} \sin x dx=2$$

二、定积分的分部积分法

设函数 $u=u(x)$ 与 $v=v(x)$ 在闭区间 $[a,b]$ 上具有连续函数，则有 $d(uv)=udv+vdu$，等式两边取 x 的由 a 到 b 的积分，得 $(uv)\big|_a^b=\int_a^b udv+\int_a^b vdu$，移项即得定积分的分部积分公式为

$$\int_a^b udv=(uv)\big|_a^b-\int_a^b vdu \tag{5-8}$$

与不定积分的分部积分公式相比较，上式只是多了积分上限和积分下限，因此，运用时特别注意带积分上限和积分下限。

【例 48】 计算 $\int_0^{\frac{\pi}{2}} x\sin x dx$。

解： $\int_0^{\frac{\pi}{2}} x\sin x dx=\int_0^{\frac{\pi}{2}} xd(-\cos x)=\Big[-x\cos x\Big]_0^{\frac{\pi}{2}}-\int_0^{\frac{\pi}{2}}(-\cos x)dx=\Big[\sin x\Big]_0^{\frac{\pi}{2}}=1$

【例 49】 计算 $\int_1^{e}\ln^2 x dx$。

解：
$$\begin{aligned}\int_1^{e}\ln^2 x dx&=[x\ln^2 x]_1^e-\int_1^e xd\ln^2 x=e-2\int_1^e \ln x dx\\&=e-2[x\ln x]_1^e+2\int_1^e xd\ln x=e-2e+\int_1^e dx\\&=e-2e+2e-2=e-2\end{aligned}$$

【例 50】 计算 $\int_0^{\frac{\pi}{2}} e^x\sin x dx$。

解：
$$\begin{aligned}\int_0^{\frac{\pi}{2}} e^x\sin x dx&=\int_0^{\frac{\pi}{2}}\sin x de^x=\Big[e^x\sin x\Big]_0^{\frac{\pi}{2}}-\int_0^{\frac{\pi}{2}} e^x\cos x dx\\&=e^{\frac{\pi}{2}}-\int_0^{\frac{\pi}{2}}\cos x de^x=e^{\frac{\pi}{2}}-\Big[e^x\cos x\Big]_0^{\frac{\pi}{2}}-\int_0^{\frac{\pi}{2}} e^x\sin x dx\\&=e^{\frac{\pi}{2}}+1-\int_0^{\frac{\pi}{2}} e^x\sin x dx\end{aligned}$$

移项，得

$$2\int_0^{\frac{\pi}{2}} e^x\sin x dx=e^{\frac{\pi}{2}}+1$$

所以

$$\int_0^{\frac{\pi}{2}} e^x\sin x dx=\frac{1}{2}(e^{\frac{\pi}{2}}+1)$$

【例 51】 计算 $\int_0^1 e^{\sqrt{x}}dx$。

解：先换元，后分部积分。

令 $\sqrt{x}=t$，则 $x=t^2$，$dx=2tdt$，当 $x=0$ 时，$t=0$；当 $x=1$ 时，$t=1$，所以

$$\int_0^1 e^{\sqrt{x}}dx=2\int_0^1 te^t dt=2\int_0^1 tde^t=2te^t\big|_0^1-2\int_0^1 e^t dt=2e-2e^t\big|_0^1=2$$

议一议 讲一讲

思考题:判断下列计算是否正确?

求 $\int_{-1}^{1}\frac{1}{1+x^2}dx$。

解:作变换 $x=\frac{1}{t}$,则 $dx=-\frac{1}{t^2}dt$,当 $x=-1$ 时,$t=-1$;当 $x=1$ 时,$t=1$

则 $\int_{-1}^{1}\frac{1}{1+x^2}dx=\int_{-1}^{1}\frac{-\frac{1}{t^2}}{1+\frac{1}{t^2}}dt=-\int_{-1}^{1}\frac{1}{1+t^2}dt=-\int_{-1}^{1}\frac{1}{1+x^2}dx$

移项

$$2\int_{-1}^{1}\frac{1}{1+x^2}dx=0$$

所以

$$\int_{-1}^{1}\frac{1}{1+x^2}dx=0$$

习 题 六

1.求下列定积分:

(1) $\int_{4}^{9}\frac{\sqrt{x}}{\sqrt{x}-1}dx$ (2) $\int_{\frac{1}{\sqrt{2}}}^{1}\frac{\sqrt{1-x^2}}{x^2}dx$

(3) $\int_{0}^{2}\frac{dx}{\sqrt{x+1}+\sqrt{(x+1)^3}}$ (4) $\int_{-1}^{1}\frac{dx}{(1+x^2)^2}$

2.求下列定积分:

(1) $\int_{0}^{1}x^2e^x dx$ (2) $\int_{1}^{2}x\ln\sqrt{x}dx$

(3) $\int_{0}^{1}x\arctan x dx$ (4) $\int_{0}^{\pi}x\sin 2x dx$

3.设 $f(x)$ 为连续函数,证明:

(1)当 $f(x)$ 为偶函数时,$\Phi(x)=\int_{0}^{x}f(t)dt$ 为奇函数

(2)当 $f(x)$ 为奇函数时,$\Phi(x)=\int_{0}^{x}f(t)dt$ 为偶函数

§5.7 广义积分

一、无界函数的广义积分

定义 5 设函数 $f(x)$在区间$(a,b]$上连续，而在点 a 的右邻域内无界。取 $\varepsilon>0$，如果极限 $\lim\limits_{\varepsilon\to0^+}\int_{a+\varepsilon}^{b}f(x)\mathrm{d}x$ 存在，则称此极限为函数 $f(x)$在区间$(a,b]$上的广义积分，记作 $\int_a^b f(x)\mathrm{d}x$，即

$$\int_a^b f(x)\mathrm{d}x=\lim_{\varepsilon\to0^+}\int_{a+\varepsilon}^{b}f(x)\mathrm{d}x$$

当极限存在时，称其广义积分收敛；当极限不存在时，称其广义积分发散。

类似地，设函数 $f(x)$在区间$[a,b)$上连续，而在点 b 的左邻域内无界。取 $\varepsilon>0$，如果极限 $\lim\limits_{\varepsilon\to0^+}\int_{a}^{b-\varepsilon}f(x)\mathrm{d}x$ 存在，则称此极限为函数 $f(x)$在区间$[a,b)$上的广义积分，记作 $\int_a^b f(x)\mathrm{d}x$，即

$$\int_a^b f(x)\mathrm{d}x=\lim_{\varepsilon\to0^+}\int_{a}^{b-\varepsilon}f(x)\mathrm{d}x$$

当极限存在时，称其广义积分收敛；当极限不存在时，称其广义积分发散。

设函数 $f(x)$在区间$[a,b]$上除 $c(a<c<b)$外连续，而在点 c 的邻域内无界。如果两个广义积分 $\int_a^c f(x)\mathrm{d}x$ 和 $\int_c^b f(x)\mathrm{d}x$ 都收敛，则

$$\begin{aligned}\int_a^b f(x)\mathrm{d}x&=\int_a^c f(x)\mathrm{d}x+\int_c^b f(x)\mathrm{d}x\\&=\lim_{\varepsilon\to0^+}\int_a^{c-\varepsilon}f(x)\mathrm{d}x+\lim_{\varepsilon'\to0^+}\int_{c+\varepsilon'}^{b}f(x)\mathrm{d}x\end{aligned}$$

否则，就称其广义积分 $\int_a^b f(x)\mathrm{d}x$，发散。

【例 52】 证明广义积分 $\int_0^1\frac{1}{x^p}\mathrm{d}x$，当 $p\geqslant1$ 时发散，当 $p<1$ 时收敛。

证明：(1) $p=1$，$\int_0^1\frac{1}{x^p}\mathrm{d}x=[\ln x]_0^1=+\infty$

(2) $p\neq1$，$\int_0^1\frac{1}{x^p}\mathrm{d}x=\left[\frac{x^{1-p}}{1-p}\right]_0^1=\begin{cases}+\infty, & p>1\\ \frac{1}{p-1}, & p<1\end{cases}$

因此当 $p<1$ 时广义积分收敛，其值为$\frac{1}{p-1}$；当 $p\geqslant1$ 时广义积分发散。

二、无穷限的广义积分

定义 6 设函数 $f(x)$在区间$[a,+\infty)$上连续，取 $b>a$，如果极限 $\lim\limits_{b\to+\infty}\int_a^b f(x)\mathrm{d}x$ 存在，则

称此极限为函数 $f(x)$ 在无穷区间 $[a,+\infty)$ 上的广义积分，记作 $\int_a^{+\infty} f(x)\mathrm{d}x$，且

$$\int_a^{+\infty} f(x)\mathrm{d}x=\lim_{b\to+\infty}\int_a^b f(x)\mathrm{d}x$$

当极限存在时，称其广义积分收敛；当极限不存在时，称其广义积分发散。

类似地，设函数 $f(x)$ 在区间 $(-\infty,b]$ 上连续，取 $a<b$，如果极限 $\lim\limits_{a\to-\infty}\int_a^b f(x)\mathrm{d}x$ 存在，则称此极限为函数 $f(x)$ 在无穷区间 $(-\infty,b]$ 上的广义积分，记作 $\int_{-\infty}^b f(x)\mathrm{d}x$，即

$$\int_{-\infty}^b f(x)\mathrm{d}x=\lim_{a\to-\infty}\int_a^b f(x)\mathrm{d}x$$

当极限存在时，称其广义积分收敛；当极限不存在时，称其广义积分发散。

【例 53】 证明广义积分 $\int_1^{+\infty}\frac{1}{x^p}\mathrm{d}x$ 当 $p>1$ 时收敛，当 $p\leqslant1$ 时发散。

证明：(1) $p=1$，$\int_1^{+\infty}\frac{1}{x^p}\mathrm{d}x=[\ln x]_1^{+\infty}=+\infty$

(2) $p\neq1$，$\int_1^{+\infty}\frac{1}{x^p}\mathrm{d}x=\left[\frac{x^{1-p}}{1-p}\right]_1^{+\infty}=\begin{cases}+\infty, & p<1\\ \frac{1}{p-1}, & p>1\end{cases}$

因此当 $p>1$ 时广义积分收敛，其值为 $\frac{1}{p-1}$；当 $p\leqslant1$ 时广义积分发散。

习 题 七

求下列广义积分：

(1) $\int_0^{+\infty}\frac{\mathrm{d}x}{4+x^2}$　　(2) $\int_{\frac{1}{e}}^{+\infty}\frac{\ln x}{x}\mathrm{d}x$

(3) $\int_{-\infty}^0\cos x\mathrm{d}x$　　(4) $\int_{-\infty}^{-1}\frac{\mathrm{d}x}{x^2(1+x^2)}$

复 习 题

1. 求下列不定积分：

(1) $\int(-\tan x+\cot x)^2\mathrm{d}x$　　(2) $\int x\ln(x-1)\mathrm{d}x$

(3) $\int x\sec x\tan x\mathrm{d}x$　　(4) $\int\frac{1}{\mathrm{e}^{-x}+\mathrm{e}^x}\mathrm{d}x$

(5) $\int\frac{1}{9x^2-4}\mathrm{d}x$　　(6) $\int\frac{(\arctan x)^2}{1+x^2}\mathrm{d}x$

(7) $\int\frac{1}{\sin x\cos x}\mathrm{d}x$　　(8) $\int\mathrm{e}^{2x}\cos3x\mathrm{d}x$

2. 已知函数 $f(x)$ 的导数 $y'=\sin x+\cos x$，当 $x=\frac{3}{2}$ 时，$y=2$，求此函数 $f(x)$ 的表达式。

3. 设曲线上任意点的切线斜率为该点横坐标的倒数,求过点(1,−1)的曲线方程。

4. 求下列各式的导数:

(1) $f(x)=\int_{1}^{e^x}\frac{\ln t}{t}dt$　　(2) $g(x)=\int_{\ln x}^{x^2}\sin t dt$

5. 求极限:

(1) $\lim\limits_{x\to 0}\frac{\int_0^x \sin t dt}{x\sin x}$　　(2) $\lim\limits_{x\to 0}\frac{\int_0^x \arctan t dt}{x^2}$

6. 求函数 $\Phi(x)=\int_0^x \frac{2t+1}{t^2+t-1}dt$ 在[0,1]上的最大值和最小值。

7. 求下列各式的定积分:

(1) $\int_1^2 \left(x+\frac{1}{x}\right)^2 dx$　　(2) $\int_0^{\frac{\pi}{2}}\frac{\sin x}{3+\sin^2 x}dx$

(3) $\int_{\frac{\pi}{4}}^{\frac{2}{3}}\frac{1}{\sin^2 x\cos^2 x}dx$　　(4) $\int_0^1 \frac{1}{x^2-x-2}dx$

(5) $\int_1^2 \frac{1}{(x-1)^2}dx$　　(6) $\int_{\sqrt{3}}^{+\infty}\frac{1}{1+x^2}dx$

【阅读材料】

微分几何大师、著名数学家陈省身

1911年,陈省身出生在浙江嘉兴秀水河畔的一个书香世家。陈省身的父亲陈宝桢为儿子取名源自《论语》"吾日三省吾身"的数学家,因出生的年份是辛亥年,所以号"辛生"。

幼时因为祖母的宠爱,陈省身一直没有上学,只在家里跟随祖母、姑姑识字、背唐诗。在小的时候,父亲给他带回了一套1892年首次印行的、美国传教士写的《笔算数学》,他居然在短时间读完了上、中、下3册,并能做完所有的练习题。这成为日后的大师接触数学之始。

陈省身曾撰文回忆:"1919年秋天,祖母觉得我实在不该不上学了,就把我送到县立小学,大约是插入小学四年级。三、四年级在同一教室,共约30个学生。第一天家里送午饭在教室吃,同学都走光了,独自吃饭,觉得很凄凉。等到4点钟放学前,不知为什么,教员拿了戒尺,下来把每个学生打1下到4下不等,只有我未被打,大约我这一天实在老实,没有被打的理由。这样一来,我不肯再去学校了,在家又玩了1年。"

1920年,陈省身考入秀州中学,只上过1天小学的他硬是凭着自学的底子和后来的刻苦与好胜,不但跟了上去,而且是班里的数学尖子。

1922年,陈省身随全家从浙江嘉兴来到天津。次年,进入扶轮中学(现天津铁路一中)。当时的校长顾赞庭很看重数学,亲自教几何。"而且教得很凶"。陈省身在自述中曾说:"我数学学得比较好,当时我是他一个很得意的学生。他很看得起我。"

在中学,陈省身跳了两级。15岁时,在父亲的朋友钱宝琮先生的建议下,陈省身报考南开大学理学院。录取后,才知道自己的数学成绩是全体考生中的第2名。

大学一年级的一次化学实验课,内容是"吹玻璃管"。陈省身对着手中的玻璃片和面前用来加热的火焰一筹莫展。后来由实验老师帮忙,总算勉强吹成了,但他觉得吹成后的玻璃管太热,就用冷水去冲,瞬间玻璃管"嚓啦啦"全碎了。这件事对陈省身触动很大,他发现自己缺乏动手能力,于是作出了他人生第一个至关重要的抉择——放弃物理、化学,专攻数学。这成了他终身献身数学的起点。

后来,有人问到"很多人喜欢把数学当作一个工具,当作一个基础学科。很多人会去选择物理和化学,而您为什么选择数学呢?"陈省身坦言:"我不喜欢实验,我不会动手。"也曾有人向他提到为什么会与数学结缘,陈省身幽默地说:"其实很简单,因为别的事情做不了嘛,比方说,我运动很不好,在20岁的时候,我百米跑20秒,你一定比我跑得快。百米跑20秒,运动自然就没有希望,这个可能性就取消了,取消了多少个之后,最后就只剩下数学了。"

在南开大学,他的数学老师是毕业于哈佛大学的中国第2位数学博士、中国现代几何学的开山祖师姜立夫。在这位名教授的指导下,陈省身领悟了数学王国的旖旎风光。

1930年,陈省身从南开大学毕业。正遇上清华大学的数学教授孙光远要招收中国的第1名硕士研究生,陈省身抓住这个机会,选择了清华大学。在陈省身来到清华大学的第2年,华罗庚也来到清华大学担任数学系的助理员。这两位后来成为20世纪最伟大的华人数学家的年轻人,就此同在清华大学学习、研究。

陈省身先后担任我国西南联合大学教授,美国普林斯顿高等研究所研究员,芝加哥大学、伯克利加州大学终身教授等,是美国国家数学研究所、南开大学数学研究所的创始所长。陈省身的数学工作范围极广,包括微分几何、拓扑学、微分方程、代数、几何、李群和几何学等多方面。他是创立现代微分几何学的大师。早在20世纪40年代,他结合微分几何与拓扑学的方法,完成了黎曼流形的高斯—博内一般形式和埃尔米特流形的示性类论。他首次应用纤维丛概念于微分几何的研究,引进了后来通称的陈氏示性类(简称陈类),为大范围微分几何提供了不可缺少的工具。他引进的一些概念、方法和工具,已远远超过微分几何与拓扑学的范围,成为整个现代数学中的重要组成部分。陈省身还是一位杰出的教育家,他培养了大批优秀的博士生。他本人也获得了许多荣誉和奖励,例如1975年获美国总统颁发的美国国家科学奖,1983年获美国数学会"全体成就"靳蒂尔奖,1984年获沃尔夫奖。中国数学会在1985年通过决议,设立陈省身数学奖。他是有史以来唯一获得数学界最高荣誉"沃尔夫奖"的华人,被称为"当代最伟大的数学家",被国际数学界尊为"微分几何之父"。韦伊曾说,"我相信未来的微分几何学史一定会认为他是嘉当的继承人"。菲尔兹奖得主、华人数学家丘成桐这样评价他的老师:"陈省身是世界上领先的数学家……没有什么障碍可以阻止一个中国人成为世界级的数学家。"

2004年12月3日19时14分,陈省身这位世界公认的德高望重的数学大师因病医治无效,在天津医科大学总医院安详辞世。消息传来,夜雾中的南开园陷入了深深的悲恸。当晚,数千名南开大学师生自发地来到校园的新开湖畔,秉烛缓缓而行,凭吊大师。

草色皆哀,天也泣泪。尽管位于南开大学新图书馆的灵堂4日上午9点才正式开放,但一大早,悲痛的师生就在馆前排起长队。灵堂内庄严、肃穆,到处是花圈、挽联、黑纱。照片上的陈省身面带笑容注视着满园桃李。

陈省身曾向来访的客人幽默地说过:"我给自己的年龄定了一个极限——100岁。1999年是负12岁,2000年负11岁。若超过了100岁,那就赚了,再从1岁算起。"他的豁达和睿智令人惊叹!尽管这位"微分几何之父"走了,提前走了,但他很幸运,也一定很自豪,看到了中国在新世纪成为世界数学大国的现实,并看到了中国成为数学强国的曙光。在他心目中,"中国已经是一个数学大国了,但它应该成为一个强国。所谓强国,恐怕就不仅是数学能力强的问题了,它应该不断地开创,出新,并且领导着数学的潮流"。

第6章 积分的应用

学习目标

1. 了解微分方程的基本概念及相关知识；
2. 会求一阶可分离变量、一阶线性微分方程的解；
3. 会求几个特殊的二阶可降阶微分方程的解；
4. 掌握简单的常微分方程的应用；
5. 了解微元法的本质；
6. 掌握微元法求平面图形的面积；
7. 掌握用微元法求旋转体的体积。

§6.1 常微分方程

一、微分方程的基本概念

【引例】 一物体被以初速度 v_0 垂直上抛，设此物体运动只受重力的影响，试确定该物体运动的速度 v_0 与时间 t 的函数关系式。

解：设物体速度为 $v=v(t)$，根据导数的力学意义，函数 $v=v(t)$ 应满足 $\frac{\mathrm{d}v}{\mathrm{d}t}=-g$ 或 $\mathrm{d}v=-g\mathrm{d}t$，积分得 $v=-gt+C$，依题意得 $v(0)=v_0$，故 $C=v_0$，从而 $v=-gt+v_0$。

观察上例中的方程 $\frac{\mathrm{d}v}{\mathrm{d}t}=-g$，是含有未知数的导数的方程，对于这类方程，可给出下面的定义。

定义1 凡含有未知函数的导数(或微分)的方程为微分方程。未知函数是一元函数的微分方程称为常微分方程；未知函数是多元函数的微分方程称为偏微分方程。

本书仅讨论常微分方程，并将其简称为微分方程。

如上例中的方程 $\frac{\mathrm{d}v}{\mathrm{d}t}=-g$ 及方程 $(y-2xy)\mathrm{d}x+x^2\mathrm{d}y=0$，$4y'''+y''\sin x+5xy=0$ 都是微分方程。

定义2 微分方程中出现的各阶导数的最高阶数称为微分方程的阶。如果一个函数代入微分方程后，方程两端恒等，则此函数称为该微分方程的解。如果微分方程的解中含有任意常数，且相互独立的任意常数的个数与微分方程的阶数相同，那么这样的解称为微分方程的通解。在通解中若使任意常数取某一定值，或利用附加条件确定任意常数应取的值，这样所得的解称为微分方程的特解。确定通解中任意常数的附加条件称为初始条件。

如引例中，函数 $v=-gt+C$，$v=-gt+v_0$ 都是方程$\frac{dv}{dt}=-g$ 的解；而 $v=-gt+C$ 是方程$\frac{dv}{dt}=-g$的通解；$v=-gt+v_0$ 是方程$\frac{dv}{dt}=-g$ 的特解；$v(0)=v_0$ 是初始条件。

【例 1】 验证 $y=e^x+e^{-x}$是方程 $y''+2y'+y=4e^x$ 的解。

解：由 $y=e^x+e^{-x}$得 $y'=e^x-e^{-x}$，$y''=e^x+e^{-x}$，将 y,y'及 y''代入原方程的左边，有 $e^x+e^{-x}+2(e^x-e^{-x})+e^x+e^{-x}=4e^x$，即函数 $y=e^x+e^{-x}$满足原方程，所以 $y=e^x+e^{-x}$是二阶微分方程 $y''+2y'+y=4e^x$ 的解。

二、可分离变量的微分方程

形如$\frac{dy}{dx}=f(x)g(y)$的方程，若 $g(y)\neq 0$，则可变形为$\frac{dy}{g(y)}=f(x)dx$，称为可分离变量的微分方程。如果$\int\frac{dy}{g(y)}$和$\int f(x)dx$ 都可求得，即可求微分方程$\frac{dy}{dx}=f(x)g(y)$的解。因此，可分离变量微分方程的求解步骤为：

(1)分离变量$\frac{dy}{g(y)}=f(x)dx$；

(2)两边积分$\int\frac{dy}{g(y)}$和$\int f(x)dx$；

(3)求出积分得通解 $G(y)=F(x)+C$，其中，$G(y)$、$F(x)$分别是$\frac{1}{g(y)}$、$f(x)$的原函数；

(4)若方程给出初始条件则可确定常数 C，得到方程满足初始条件的特解。

【例 2】 求解方程$\frac{dy}{dx}=-\frac{x}{y}$。

解：先将变量分离，得到 $ydy=-xdx$，两边积分，即得$\frac{y^2}{2}=-\frac{x^2}{2}+\frac{c}{2}$，因而，通解为 $x^2+y^2=c$，这里 c 是任意正常数。或者写出显函数形式的解为：

$$y=\pm\sqrt{c-x^2}$$

三、一阶线性微分方程

方程

$$y'+P(x)y=Q(x) \tag{6-1}$$

称为一阶线性微分方程，其中 $P(x)$和 $Q(x)$都是 x 的连续函数。当 $Q(x)=0$ 时，式(6-1)称为一阶线性齐次微分方程；当 $Q(x)\neq 0$ 时，式(6-1)称为一阶线性非齐次微分方程。

例如，$2y'+3y=x^2$，$y'+\frac{2}{x}y=\frac{\sin^2 x}{x}$，$y'+(\sin x)y=0$ 都是一阶线性微分方程，其中最后一个是齐次的。

当 $Q(x)=0$ 时，式(6-1)是可分离变量的。分离变量得$\frac{dy}{y}=-P(x)dx$，两边积分得

$$\ln y = -\int P(x)\mathrm{d}x + \ln C$$

即得一阶线性齐次微分方程的通解公式为

$$y = C\mathrm{e}^{-\int P(x)\mathrm{d}x} \tag{6-2}$$

当 $Q(x)\neq 0$ 时,与齐次的情形相对照,猜想式(6-1)的解为以下形式

$$y = C(x)\mathrm{e}^{-\int P(x)\mathrm{d}x} \tag{6-3}$$

其中 $C(x)$ 为待定函数。

两边求导得:$y'=C'(x)\mathrm{e}^{-\int P(x)\mathrm{d}x}+C(x)[-P(x)\mathrm{e}^{-\int P(x)\mathrm{d}x}]$

将 y 及 y' 代入式(6-1)得

$$C'(x)\mathrm{e}^{-\int P(x)\mathrm{d}x} + C(x)[-P(x)\mathrm{e}^{-\int P(x)\mathrm{d}x}] + P(x)C(x)\mathrm{e}^{-\int P(x)\mathrm{d}x} = Q(x)$$

即 $C'(x)=Q(x)\mathrm{e}^{\int P(x)\mathrm{d}x}$

两边积分得

$$C(x) = \int Q(x)\mathrm{e}^{\int P(x)\mathrm{d}x}\mathrm{d}x + C(C\text{ 为任意常数})$$

将其代入式(6-3),即得一阶段性非齐次微分方程的通解公式为

$$y = \mathrm{e}^{-\int P(x)\mathrm{d}x}\left[\int Q(x)\mathrm{e}^{\int p(x)\mathrm{d}x}\mathrm{d}x + C\right](C\text{ 为任意数}) \tag{6-4}$$

上述讨论中所用的方法,是将常数 C 变为待定函数 $C(x)$,再通过确定 $C(x)$ 而求得方程解的方法,称为常数变易法。

【例 3】 解方程 $\dfrac{\mathrm{d}y}{\mathrm{d}x}=y^2\cos x$,并求满足初始条件 $x=0$ 时,$y=1$ 的特解。

解:将变量分离,得到 $\dfrac{\mathrm{d}y}{y^2}=\cos x\mathrm{d}x$,两边积分,得 $-\dfrac{1}{y}=\sin x+c$,因而,通解为 $y=-\dfrac{1}{\sin x+c}$,这里 c 是任意常数。此外,方程还有解 $y=0$,为了确定所求的特解,以 $x=0$,$y=1$ 代入通解中确定任意常数 c,得到 $c=-1$,因而,所求特解为:

$$y = \frac{1}{1-\sin x}$$

议一议 讲一讲

问题 1:一阶线性微分方程中齐次与非齐次到底有何异同?它们的通解是什么?

问题 2:简述利用微分方程解决实际问题的步骤。

习 题 一

1. 指出下列微分方程的阶数(其中 y 为未知函数):

(1) $x^2\mathrm{d}x+y^2\mathrm{d}y=0$;　　(2) $(y')^2+xy=2$

(3) $y''+8y'=4x^2+x+1$;　　(4) $y''+\mathrm{e}^y y'=x^2$

2. 验证 $y=Cx^2$ 是方程 $3y-xy'=0$ 的通解（C 为任意常数），并求满足初始条件 $y(1)=\frac{1}{3}$ 的特解。
3. 设曲线上任一点处的切线率与切点的横坐标成反比，且曲线过点(1,2)，求该曲线的方程。
4. 物体在空气中的冷却速率与物体和空气的温差成正比，试以微分方程描述这一物理现象（设空气温度为 T_0）。
5. 求下列微分方程的通解：

(1) $\cos\theta+r\sin\theta\frac{d\theta}{dr}=0$　　(2) $(1+e^x)yy'=e^x$

(3) $y'=e^{2x-y}$

6. 求下列各题中一阶线性微分方程的通解：

(1) $y'+\frac{y}{x}-\sin x=0$　　(2) $y'+y=x^2e^x$

(3) $(2y\ln y+y+x)dy-ydx=0$　　(4) $(x\cos y+\sin 2y)y'=1$

7. 求下列各题的初值：

(1) $\begin{cases}xydx-(1+y^2)\sqrt{1+x^2}dy=0\\ y|_{x=0}=\frac{1}{e}\end{cases}$　　(2) $\begin{cases}(\ln y)y'=\frac{x}{x^2}\\ y|_{x=2}=1\end{cases}$

(3) $\begin{cases}x^2ydx=(1-y^2+x^2-x^2y^2)dy\\ y|_{x=-1}=1\end{cases}$　　(4) $\begin{cases}\frac{dy}{dx}+5y=-4e^{-3x}\\ y|_{x=0}=-4\end{cases}$

§6.2　微分方程的应用

一、等角轨线

我们来求这样的曲线，从而获得一个曲线族，使得这个曲线族与某已知曲线族的每一条曲线相交成给定的角度，这样的曲线轨线称为已知曲线的等角轨线。当所给定的角为直角时，等角轨线就称为正交轨线。等角轨线在很多学科（如天文、气象等）中都有应用。下面介绍等角轨线的方法。

设在 (x,y) 平面上，给定一个单参数曲线族 (C)：$\phi(x,y,z)=0$ 求这样的曲线 l，使得 l 与 (C) 中每一条曲线的交角都是定角 α。

设 l 的方程为 $y_1=y_1(x)$。为了求 $y_1(x)$，我们先来求出 $y_1(x)$ 所对应满足的微分方程，也就是要求先求得 x、y_1、y_1' 的关系式。条件告诉我们 l 与 (C) 的曲线相交成定角 α，于是可以想象，y_1 和 y_1' 必然应当与 (C) 中的曲线 $y=y(x)$ 及其切线的斜率 y' 有一个关系。事实上，当 $\alpha\neq\frac{\pi}{2}$ 时，有

$$\frac{y_1'-y'}{1+y'y_1'}=\tan\alpha=k \tag{6-5}$$

或

$$y' = \frac{y_1' - k}{k y_1' + 1} \tag{6-6}$$

当 $\alpha=\frac{\pi}{2}$ 时，有

$$y' = -\frac{1}{y_1'} \tag{6-7}$$

又因为在交点处，$y(x)=y_1(x)$，于是，如果我们能求得 x、y_1、y_1' 的关系，即曲线族(C)所满足的微分方程为

$$F(x,y,y')=0$$

只要把 $y=y_1$ 和式(6-6)或式(6-7)代入式(6-5)，就可求得 x、y_1、y_1' 的方程。

如何求式(6-5)呢？可采用分析法。

设 $y=y(x)$ 为(C)中任一条曲线，于是存在相应的 C，使得

$$\phi(x,y(x),C)=0 \tag{6-8}$$

因为要求 x、y、y_1' 的关系，将上式对 x 求导，得

$$\phi_x'(x,y(x),C)+\phi_y'(x,y(x),C)y'(x)=0 \tag{6-9}$$

这样，将上两式联立，即有

$$\begin{cases} \phi(x,y,C)=0 \\ \phi_x'(x,y,C)+\phi_y'(x,y,C)y'=0 \end{cases} \tag{6-10}$$

消去 C，就得到 x、$y(x)$、$y'(x)$ 所应当满足的关系

$$F(x,y,y')=0$$

这个关系称为曲线族(C)的微分方程。

于是，等角轨线($\alpha\neq\frac{\pi}{2}$)的微分方程为

$$F\left[x,y_1,\frac{y_1'-k}{1+ky_1'}\right]=0 \tag{6-11}$$

而正交轨线的微分方程为

$$F\left[x,y_1,-\frac{1}{y_1'}\right]=0 \tag{6-12}$$

为了避免符号的繁琐，以上两个方程可以不用 y_1，而仍用 y，只要我们明确它是所求的等角轨线的方程就行了。

为了求得等角轨线或正交轨线，我们只需求上述两个方程即可。

【例4】 求直线束 $y=Cx$ 的等角轨线和正交轨线。

解：首先求直线束 $y=Cx$ 的微分方程。

将 $y=Cx$ 对 x 求导，得 $y'=C$，由

$$\begin{cases} y=Cx \\ y'=C \end{cases}$$

消去 C，就得到 $y=Cx$ 的微分方程

$$\frac{\mathrm{d}y}{\mathrm{d}x}=\frac{y}{x}$$

当 $\alpha \neq \frac{\pi}{2}$ 时，等角轨线的微分方程为

$$\frac{\frac{dy}{dx}-k}{1+k\frac{dy}{dx}}=\frac{y}{x}$$

或

$$xdx+ydy=\frac{xdy-ydx}{k}$$

及

$$\frac{xdx+ydy}{x^2+y^2}=\frac{1}{k}\cdot\frac{xdy-ydx}{x^2+y^2}$$

即

$$\frac{xdx+ydy}{x^2+y^2}=\frac{1}{k}\cdot\frac{d\left(\frac{y}{x}\right)}{1+\left(\frac{y}{x}\right)^2}$$

积分后得到

$$\frac{1}{2}\ln(x^2+y^2)=\frac{1}{k}\arctan\frac{y}{x}+\ln C$$

或

$$\sqrt{x^2+y^2}=Ce^{\frac{1}{2}\arctan\frac{y}{x}}$$

如果 $\alpha=\frac{\pi}{2}$，正交轨线的微分方程为

$$-\frac{1}{\frac{dy}{dx}}=\frac{y}{x}$$

即
$$\frac{dy}{dx}=-\frac{x}{y}$$

或
$$xdx+ydy=0$$

故正交轨线为同心圆族 $x^2+y^2=C^2$。

二、抛物线的光学问题

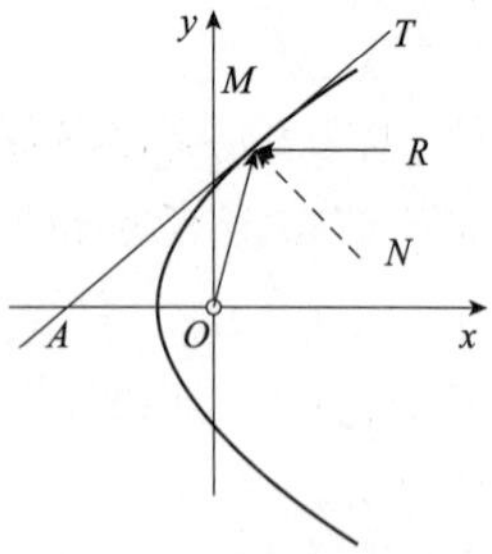

图 6-1

在中学平面解析几何中已经指出，汽车前灯和探照灯的反射镜面都取为旋转抛物面，就是将抛物线绕对称轴旋转一周所形成的曲面。将光源安置在抛物线的焦点处，光线经镜面反射，就形成平行光线。这个问题在平面解析几何中已经作了证明，现在来说明具有前述性质的曲线只有抛物线。

由于对称性，只有考虑在过旋转轴的一个平面上的轮廓线 l，如图 6-1 所示。

以旋转轴为 Ox 轴，光源放在原点 $O(0,0)$，设 l 的方程为 $y=y(x,y)$，由 O 点发出的光线经镜面反射后平行于 Ox 轴，设

$M(x,y)$为l上任一点，光线OM经反射后为MR，MT为l在M点的切线，MN为l在M点的法线，根据光线的反射定律，有

$$\angle OMN = \angle NMR$$

从而

$$\tan\angle OMN = \tan\angle NMR$$

因为MT的斜率为$y_1{}'$，MN的斜率为$-\frac{1}{y_1}$，所以由正切公式，有

$$\tan\angle OMN = \frac{-\frac{1}{y'}-\frac{y}{x}}{1-\frac{y}{xy'}}, \tan\angle NMR = \frac{1}{y'}$$

从而

$$\frac{1}{y'} = \frac{x+yy'}{xy'-y}$$

即得到微分方程

$$yy'^2 + 2xy' - y = 0$$

由此方程中解出y'，得到齐次方程

$$y' = -\frac{x}{y} \pm \sqrt{\left(\frac{x}{y}\right)^2 + 1}$$

令$\frac{y}{x}=u$，即$y=xu$，有

$$\frac{\mathrm{d}y}{\mathrm{d}x} = u + x\frac{\mathrm{d}u}{\mathrm{d}x}$$

代入上式得到

$$x\frac{\mathrm{d}u}{\mathrm{d}x} = \frac{-(1+u^2) \pm \sqrt{1+u^2}}{u}$$

分离变量后得

$$\frac{u\mathrm{d}u}{(1+u^2) \pm \sqrt{1+u^2}} = -\frac{\mathrm{d}x}{x}$$

令$1+u^2=t^2$上式变为$\frac{\mathrm{d}t}{t\pm1}=-\frac{\mathrm{d}x}{x}$。积分后得

$$\ln|t+1| = \ln\left|\frac{C}{x}\right|$$

或$\sqrt{u^2+1}=\frac{C}{x}\pm1$。两端平方得

$$u^2+1 = \left(\frac{C}{x}+1\right)^2$$

化简后得

$$u^2 = \frac{C^2}{x^2} + \frac{2C}{x}$$

以$u=\frac{y}{x}$代入，得$y^2=2Cx+C^2$。这是一族以原点为焦点的抛物线。

三、动力学问题

动力学是微分方程最早期的源泉之一，我们都知道动力学的基本定律是牛顿第二定律

$$f = ma$$

这也是用微分方程来解决动力学的基本关系式。它的右端明显地含有加速度 a，a 是位移对时间的二阶导数，列出微分方程的关键就在于找到外力 f 和位移对时间的导数一速度的关系。只要找到这个关系，就可以由 $f = ma$ 列出微分方程。

在求解动力学问题时，要特别注意力学问题中的定解条件，如初值条件等。

【例 5】 物体由高空下落，除受重力作用外，还受到空气阻力的作用，在速度不太大的情况下，空气阻力可看作与速度的平方成正比，试证明在这种情况下，落体存在极限速度 v_1。

解：设物体质量为 m，空气阻力系数为 k，又设在时刻 t 物体下落的速度为 v，于是在时刻 t 物体所受的合外力为

$$f = mg - kv^2\text{（重力 — 空气阻力）}$$

从而，根据牛顿第二定律可得出微分方程

$$m\frac{\mathrm{d}v}{\mathrm{d}t} = mg - kv^2$$

因为是自由落体，所以有

$$v(0) = 0$$

解 $m\frac{\mathrm{d}v}{\mathrm{d}t} = mg - kv^2$，由 $v(0) = 0$ 有

$$\int_0^v \frac{m\mathrm{d}v}{mg - kv^2} = \int_0^t \mathrm{d}t$$

积分得

$$\frac{1}{2}\sqrt{\frac{m}{mg}}\ln\frac{\sqrt{mg}+\sqrt{kv}}{\sqrt{mg}-\sqrt{kv}} = t$$

或

$$\ln\frac{\sqrt{mg}+\sqrt{kv}}{\sqrt{mg}-\sqrt{kv}} = 2t\sqrt{\frac{kg}{m}}$$

解出 v，得

$$v = \frac{\sqrt{mg}\left(\mathrm{e}^{2t\sqrt{\frac{kg}{m}}} - 1\right)}{\sqrt{k}\left(\mathrm{e}^{2t\sqrt{\frac{kg}{m}}} + 1\right)}$$

当 $t \to +\infty$ 时，有

$$\lim_{t\to+\infty} v = \sqrt{\frac{mg}{k}} = v_1$$

据测定，$k = \alpha\rho s$，其中 α 为与物体形状有关的常数，为介质密度，s 为物体在地面上的投影面积。人们正是根据公式 $\lim\limits_{t\to+\infty} v = \sqrt{\frac{mg}{k}} = v_1$，来为跳伞者设计保证安全的降落伞的直径大小的。在落地速度 v_1、m、α 与 ρ 一定时，可定出 s 来。

四、流体混合问题

中学代数中有这样一类问题：某容器中装有浓度为 c_1 的含某种物质 A 的液体 v 升，从其中取出 v_1 升后，加入浓度为 c_2 的液体 v_2 升，要求混合后的液体的浓度以及物质 A 的含量。这类问题用初等代数就可以解决。但是，在实际中还经常碰到以下的问题，如图 6-2 所示。

容器内装有含物质 A 的流体，设时刻 $t=0$ 时，流体的体积为 v_0，物质 A 的质量为 x_0，今以速度 v_2（单位时间的流量）放出流体，而同时又以速度 v_1 注入浓度为 c_1 的流体，试求时刻 c_1 时容器中物质 A 的质量及流体的浓度，这类问题称为流体混合问题。它是不能用初等数学解决的，必须用微分方程来计算。

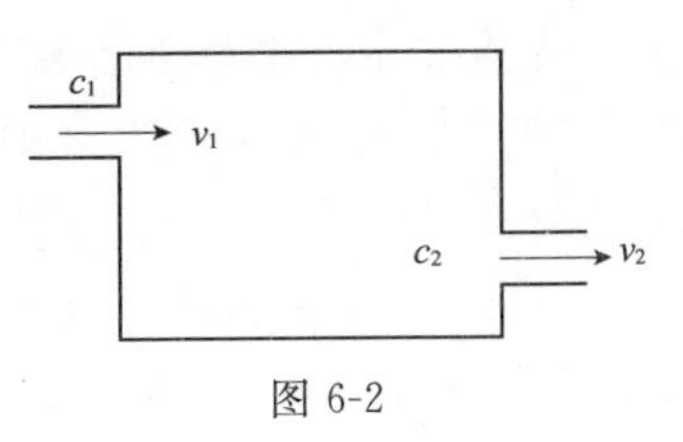

图 6-2

首先，我们用微元法来列方程。设在时刻 t，容器内物质 A 的质量为 $x=x(t)$，浓度为 c_2，经过时间 $\mathrm{d}t$ 后，容器内物质 A 的质量增加了 $\mathrm{d}x$，于是有关系式

$$\mathrm{d}x = c_1 v_1 \mathrm{d}t - c_2 v_2 \mathrm{d}t = (c_1 v_1 - c_2 v_2)\mathrm{d}t$$

因为

$$c_2 = \frac{x}{v_0 + (v_1 - v_2)t}$$

代入上式有

$$\mathrm{d}x = \left[c_1 v_1 - \frac{x v_2}{v_0 + (v_1 - v_2)t}\right]\mathrm{d}t$$

或

$$\frac{\mathrm{d}x}{\mathrm{d}t} = c_1 v_1 - \frac{x v_2}{v_0 + (v_1 - v_2)t}$$

这是一个线性方程，求物质 A 在时刻 t 的质量的问题就归结为求方程满足初始条件 $x(0)=x_0$ 的解的问题。

【例 6】 某厂房容积为 45m×15m×6m，经测定，空气中含有 0.2%的 CO_2。开通通风设备，以 $360\mathrm{m}^3/\mathrm{s}$ 的速度输入含有 0.05%的 CO_2 的新鲜空气，同时又排出同等数量的室内空气。问 30min 后室内所含 CO_2 的百分比。

解：设在时刻 t，车间内 CO_2 的百分比为 $x(t)\%$，当时间经过 $\mathrm{d}t$ 后，室内 CO_2 的该变量为

$$45 \times 15 \times 6 \times \mathrm{d}x\% = 360 \times 0.05\% \times \mathrm{d}t - 360 \times x\% \times \mathrm{d}t$$

于是有关系式

$$4050\mathrm{d}x = 360(0.05 - x)\mathrm{d}t$$

或

$$\mathrm{d}x = \frac{4}{45}(0.05 - x)\mathrm{d}t$$

初值条件为 $x(0)=0.2$。

将方程分离变量并积分，初值解满足

$$\int_{0.2}^{x} \frac{\mathrm{d}x}{0.05 - x} = \int_{0}^{t} \frac{4}{45}\mathrm{d}t$$

求出 x，有

$$x = 0.05 + 0.15^{e^{-\frac{4}{45}t}}$$

以 $t=30\text{min}=1800\text{s}$ 代入，得 $x \approx 0.05$。即开动通风设备 30min 后，室内的 CO_2 含量接近0.05%，基本上已是新鲜空气。

五、变化率问题

若某未知函数的变化率的表达式为已知，那么据此列出的方程常常是一阶微分方程。

【例 7】 在某一个人群中推广技术是通过其中已掌握新技术的人进行的，设该人群的总人数为 N，在 $t=0$ 时刻已掌握新技术的人数为 x_0，在任意时刻 t 已掌握新技术的人数为 $x(t)$，将 $x(t)$ 视为连续可微变量，其变化率与已掌握新技术人数和未掌握新技术人数之积成正比，比例系数 $k>0$，求 $x(t)$。

解：由题意有

$$\frac{dx}{dt} = kx(N-x), x(0) = x_0$$

按分离变量法解之，$\frac{dx}{x(N-x)} = k dt$，即

$$\left(\frac{1}{x} + \frac{1}{N-x}\right)dx = kN dt$$

积分并化简的通解

$$x = \frac{Nce^{kNt}}{1+ce^{kNt}}$$

由初值条件得特解

$$x = \frac{Nx_0 e^{kNt}}{N - x_0 + x_0 e^{kNt}}$$

六、汽车交流电路的应用

【例 8】 电容器的充电和放电

如图 6-3 所示的 R—C 电路，开始时电容 C 上没有电荷，电容两端的电压为零。我们把开关 K 合上"1"后，电池 E 就对电容 C 充电，电容 C 两端的电压 u_c 逐渐升高。经过相同时间后，电容充电完毕，我们再把开关 K 合上"2"，这时电容就开始了放电过程。现在要求找出充放电过程中，电容 C 两端的电压 u_c 随时间 t 的变化规律。

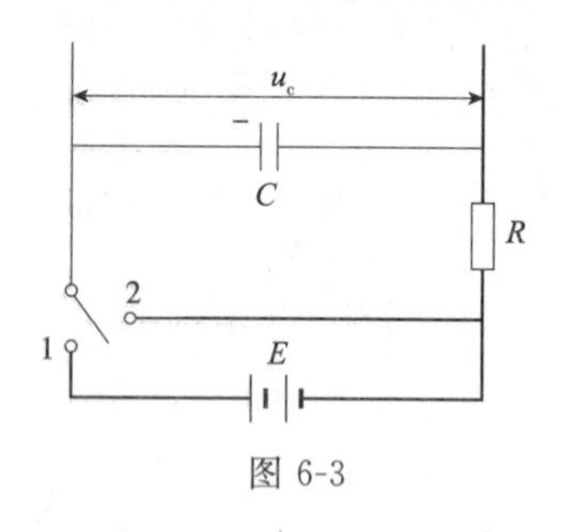

图 6-3

解：对于充电过程，由闭合回路的基尔霍夫第二定律，有

$$u_c + RI = E \tag{6-13}$$

对电容 C 充电时，电容上的电量 Q 逐渐增多，根据 $Q=Cu_c$ 得到

$$I = \frac{dQ}{dt} = \frac{d}{dt}(Cu_c) = C\frac{du_c}{dt} \tag{6-14}$$

将式(6-14)代入式(6-13)，得到 u_c 满足的微分方程

$$RC\frac{du_c}{dt} + u_c = E \tag{6-15}$$

这里 R、E、C 都是常数，式(6-15)属于变量分离方程。将式(6-15)分离变量，得到 $\frac{du_c}{u_c-E}=-\frac{dt}{RC}$，两边积分，得到 $\ln|u_c-E|=-\frac{1}{RC}t+c_1$。

即 $u_c-E=\pm e^{c_1}e^{-\frac{1}{RC}t}=c_2e^{-\frac{1}{RC}t}$，这里 $c_2=\pm e^{c_1}$ 为任意常数。

将初始条件：$t=0$ 时，$u_c=0$ 代入，得到 $c_2=-E$，所以有

$$u_c = E(1-e^{-\frac{1}{RC}t}) \tag{6-16}$$

这就是 $R—C$ 电路充电过程中电容 C 两端的电压的变化规律。由式(6-16)知道，电压 u_c 从零开始逐渐增大，且当 $t\to+\infty$ 时，$u_c\to E$，如图 6-4 所示。在电工学中，通常称 $\tau=RC$ 为时间常数，当$t=3\tau$时，$u_c=0.95E$，就是说，经过 3τ 的时间后，电容 C 上的电压已达到外加电压的 95%。实用上，通常认为这时电容 C 的充电过程已基本结束。易见充电结果 $u_c=E$。对于放电过程的讨论，可以类似地进行，留给读者自己去完成。

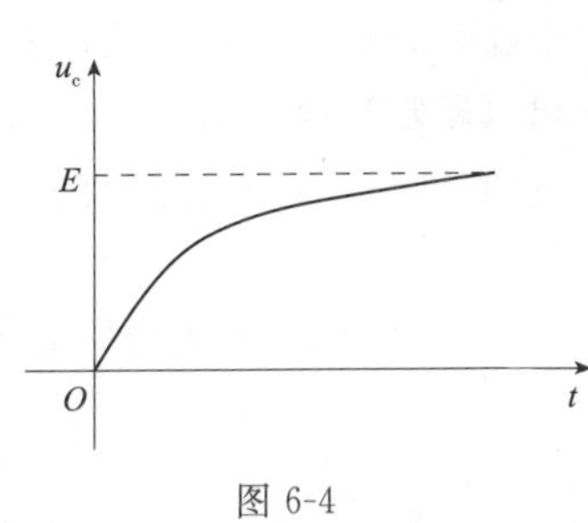

图 6-4

【例 9】 设有一个由电阻 R、自感 L、电容 C 和电源 E 串联组成的 RLC 串联电路，其中 R、L 及 C 为常数，电源 E 为交流电动势 $E_0\sin\omega t$，这里 E_0 及 ω 也是常数。电路在电动势作用下，不断发生振荡，试建立描述电路中点振动的微分方程。

解：设电路中的电流为 $i(t)$，电容器极板上的电量为 $q=q(t)$，两极板间的电压为 u_c，自感电动势为 E_L。由电学知道

$$i=\frac{dq}{dt},u_c=\frac{q}{C},E_L=-L\frac{di}{dt}$$

由回路电压定律，得

$$E-L\frac{di}{dt}-\frac{q}{C}-Ri=0$$

$$LC\frac{d^2u_c}{dt^2}+RC\frac{du_c}{dt}+u_c=E_0\sin\omega t$$

这就是串联电路的振荡方程。

它是一个关于未知函数 u_c 的二阶常系数线性非齐次方程。它描述了在交流电压作用下，RLC 电路中的点振荡，这种振荡称为强迫振荡。

【例 10】 在电机、电器上常会标有功率、电流、电压的数字。如电机上标有功率2.8kW，电压 380V。在灯泡上标有 4W、220V 等。这些数字表明交流电在单位时间内所做的功以及交流电压。但是交流电流、电压的大小和方向都随时间做周期性的变化，怎样确定交流电的功率、电流、电压呢？

解：(1)直流电的平均功率

平均功率又称为有功功率(Active Power)，由电工学知，电流在单位时间所做的功称为电流的功率 P，即

$$P=\frac{W}{T}$$

直流电通过电阻 R，消耗在电阻 R 上的功率(即单位时间内消耗在电阻 R 上的功)为

$$P = I^2R$$

其中 I 为电流，因直流电流大小和方向不变，所以 I 是常数，因而功率 P 也是常数。若要计算经过时间 t 消耗在电阻上的功，则有

$$W = Pt = I^2Rt$$

(2)交流电的平均功率

对交流电，因交流电流 $i=i(t)$ 不是常数，因而通过电阻 R 所消耗的功率 $P(t)=i(t)^2R$ 也随时间而变。由于交流电随时间 t 在不断变化，因而所求的功 W 是一个非均匀分布的量，可以用定积分表示。交流电虽然在不断变化，但在很短的时间间隔内，可以近似地认为是不变的(即近似地看作是直流电)，因而在 $\mathrm{d}t$ 时间内对“$i=i(t)$”以常代变，可得到功的微元：

$$\mathrm{d}W = Ri^2(t)\mathrm{d}t$$

在时间 $[t_0,t]$ 内电阻元件的热量 q，也就是这段时间内吸收(消耗)的电能 W 为

$$W = \int_{t_0}^{t} Ri^2(t)\mathrm{d}t = \int_{t_0}^{t} \frac{u^2(t)}{R}\mathrm{d}t$$

在一个周期 T 内消耗的功率为

$$W = \int_0^T Ri^2(t)\mathrm{d}t = \int_0^T \frac{u^2(t)}{R}\mathrm{d}t$$

因此，交流电的平均功率为

$$\overline{P} = \frac{W}{T} = \frac{1}{T}\int_0^T Ri^2(t)\mathrm{d}t$$

§6.3 定积分的应用

一、定积分的微元法

定积分在几何、物理和工程技术等方面都有着广泛的应用。为正确灵活的应用定积分解决实际问题，在此从引入定积分概念的实例中总结出应用定积分解决实际问题的一般方法——微元法。

回顾曲边梯形面积的计算方法个步骤，不难发现：第 2 步近似替代时的形式 $f(\xi_i)\Delta x_i$ 与第 4 步取极限 $A=\int_a^b f(x)\mathrm{d}x$ 具有类同的形式。为使用时简便起见，把 ξ_i 取在小区间的左端点，省略下标 i，在区间 $[a,b]$ 内任取一子区间 $[x,x+\mathrm{d}x]$，则以 $\mathrm{d}x$ 为底宽，$f(x)$ 为高的小矩形面积 $f(x)\mathrm{d}x$ 就是 $[x,x+\mathrm{d}x]$ 上的小曲边梯形面积 ΔA 的近似值，即 $\Delta A\approx f(x)\mathrm{d}x$。其中，$f(x)\mathrm{d}x$ 称为所求面积 A 的微元，记作 $\mathrm{d}A=f(x)\mathrm{d}x$。在区间 $[a,b]$ 上求和取极限，即得曲边梯形面积 $A=\int_a^b f(x)\mathrm{d}x$。

上述简化了的定积分方法称为定积分的微元法。

二、平面图形的面积

1. 直角坐标系中平面图形的面积

(1)如果 $f(x)\geqslant 0$，则曲线 $y=f(x)$ 与直线 $x=a$、$x=b$ 及 x 轴所围成的平面图形的面积 A 微元是 $\mathrm{d}A=f(x)\mathrm{d}x$。

如果 $f(x)$ 在 $[a,b]$ 上有正有负，那么它的面积 A 的微元应是以 $|f(x)|$ 为高，$\mathrm{d}x$ 为底的矩形面积，如图 6-5 所示，即 $\mathrm{d}A=|f(x)|\mathrm{d}x$。

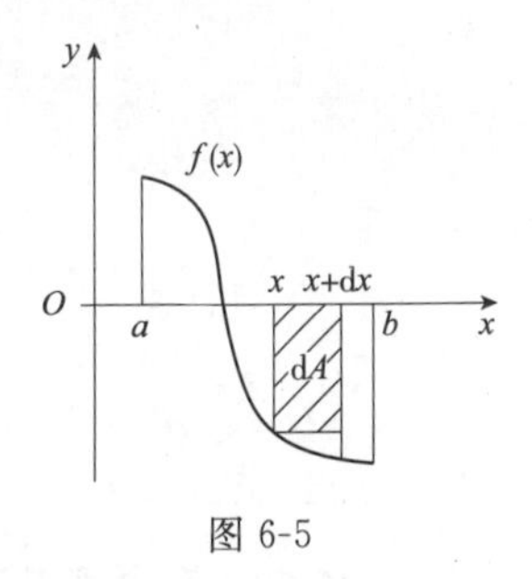

图 6-5

于是，总有 $A=\int_a^b|f(x)|\mathrm{d}x=\int_a^b[f_2(x)-f_1(x)]\mathrm{d}x$。

【例 11】 求由抛物线 $y^2=x$ 与直线 $x-2y-3=0$ 所围平面图形的面积 A。

解：该平面图形如图 6-6 所示。先求出抛物线与直线的交点 $P(1,-1)$ 与 $Q(9,3)$，用 $x=1$ 把图形分为左、右两部分，应用 $A=\int_a^b[f_2(x)-f_1(x)]\mathrm{d}x$，分别求得它们的面积为 $A_1=\int_0^1[\sqrt{x}-(-\sqrt{x})]\mathrm{d}x=2\int_0^1\sqrt{x}\mathrm{d}x=\frac{4}{3}$，$A_2=\int_1^9\left(\sqrt{x}-\frac{x-3}{2}\right)\mathrm{d}x=\frac{28}{3}$，所以 $A=A_1+A_2=\frac{32}{3}$。

本题也可把抛物线方程和直线方程改写成：$x=y^2=g_1(y)$，$x=2y+3=g_2(y)$，$y\in[-1,3]$，并改取积分变量为 y，得

$$A=\int_{-1}^3[g_2(y)-g_1(y)]\mathrm{d}y=\int_{-1}^3(2y+3-y^2)\mathrm{d}y=\frac{32}{3}$$

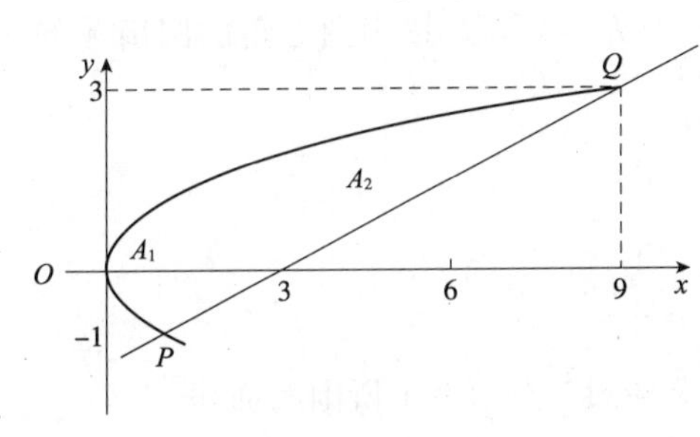

图 6-6

设曲线 C 由参数方程 $x=x(t)$，$y=y(t)$，$t\in[\alpha,\beta]$ 给出，在 $[\alpha,\beta]$ 上 $y(t)$ 连续，$x(t)$ 连续可微且 $x'(t)\neq0$（对于 $y(t)$ 连续可微且 $y'(t)\neq0$ 的情形可类似地讨论）。记 $a=x(\alpha)$，$b=x(\beta)$（$a<b$ 或 $b<a$），则由曲线 C 及直线 $x=a$，$x=b$ 和 x 轴所围的图形，其面积计算公式为 $A=\int_\alpha^\beta|y(t)x'(t)|\mathrm{d}t$。

(2)求由两条曲线 $y=f(x)$，$y=g(x)$ 与两条直线 $x=a$，$x=b$ 所围成的平面图形的面积。

如果 $f(x)\geqslant g(x)$，$x\in[a,b]$，任取一区间 $[x,x+\mathrm{d}x]$，其上的面积用以 $[f(x)-g(x)]$ 为高，$\mathrm{d}x$ 为底的矩形面积近似代替，即面积微元 $\mathrm{d}A$，图 6-7 为 $\mathrm{d}A=[f(x)-g(x)]\mathrm{d}x$，如果 $[f(x)-g(x)]$ 在 $[a,b]$ 上有正有负，则在 $[x,x+\mathrm{d}x]$ 上的面积近似值应是 $|f(x)-g(x)|\mathrm{d}x$，即面积微元为

$$\mathrm{d}A=|f(x)-g(x)|\mathrm{d}x$$

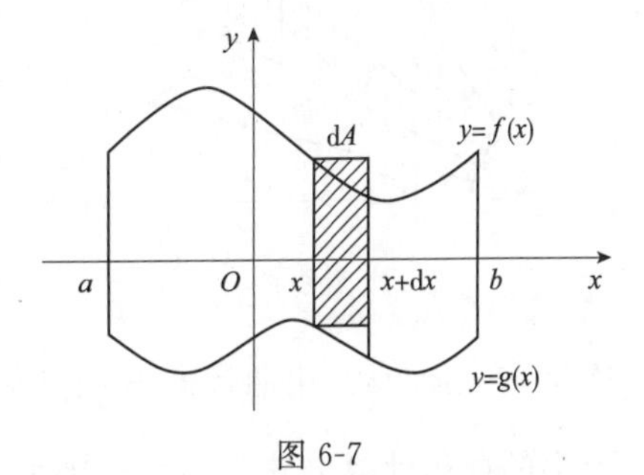

图 6-7

因此，不论什么情况，总有 $A=\int_a^b|f(x)-g(x)|\mathrm{d}x$。

【例 12】 求由摆线 $x=a(t-\sin t)$，$y=a(1-\cos t)$（$a>0$）的一拱与 x 轴所围平面图形（图 6-8）的面积。

解：摆线的一拱可取 $t\in[0,2\pi]$，所求面积为

$$A=\int_0^{2\pi}a(1-\cos t)[a(t-\sin t)]'\mathrm{d}t$$

$$=a^2\int_0^{2\pi}(1-\cos t)^2\mathrm{d}t=3\pi a^2$$

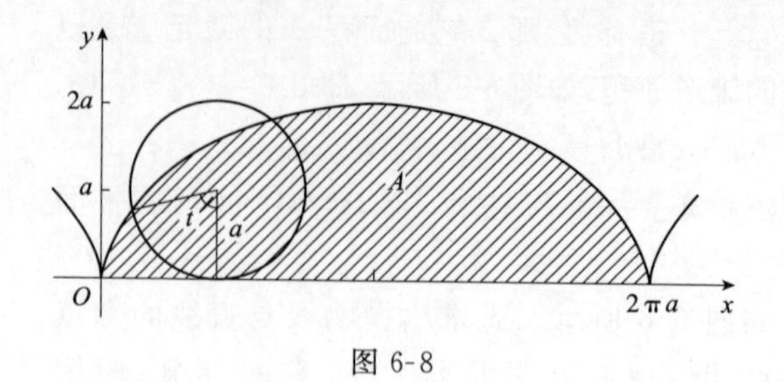

图 6-8

2. 极坐标系中平面图形的面积

当一个图形的边界曲线用极坐标方程 $r=r(\theta)$ 来表示时，如果能在极坐标系中，求它的面积，就不必把它换为直角坐标系中去球面积。为了表明这种方法的实质，从最简单的“去边扇形”的面积求法谈起。

由曲线 $r=r(\theta)$ 及两条半直线 $\theta_1=a,\theta_2=\beta(a<\beta)$ 所围成的图形称为去边扇形，如图 6-5 所示。求去边扇形的面积 A，积分变量就是 $\theta,\theta\in[a,\beta]$，应用微元法找面积 A 的微元 $\mathrm{d}A$。任取一个子区间 $[\theta,\theta+\mathrm{d}\theta]\in[a,\beta]$，用 θ 处的极径 $r(\theta)$ 为半径，以 $\mathrm{d}\theta$ 为圆心角的圆扇形的面积作为面积微元，图 6-9 中阴影线部分的面积为

$$\mathrm{d}A=\frac{1}{2}[r(\theta)]^2\mathrm{d}\theta$$

于是 $V=4\pi\int_0^b xy\mathrm{d}y=\frac{4\pi a}{b}\int_0^b y\sqrt{b^2-y^2}\mathrm{d}y=\frac{4}{3}\pi ab^2$

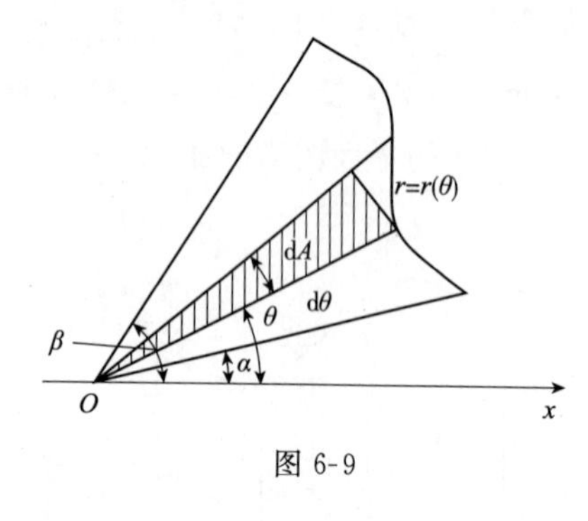

图 6-9

【例 13】 求椭圆 $\frac{x^2}{a^2}+\frac{y^2}{b^2}=1$ 所围的面积。

解：化椭圆为参数方程 $x=a\cos t,y=b\sin t,t\in[0,2\pi]$，求得椭圆所围面积为

$$A=\left|\int_0^{2\pi}b\sin t(a\cos t)'\mathrm{d}t\right|$$

$$=ab\int_0^{2\pi}\sin^2 t\mathrm{d}t=\pi ab$$

显然，当 $a=b=r$ 时，这就等于圆面积 πr^2。设曲线 C 由极坐标方程 $r=r(\theta),\theta\in[\alpha,\beta]$ 给出，其中 $r(\theta)$ 在 $[\alpha,\beta]$ 上连续，$\beta-\alpha\leqslant 2\pi$。由曲线 C 与两条射线 $\theta=a,\theta=\beta$ 所围成的平面图形，通常也称为扇形。此扇形的面积计算公式为 $A=\frac{1}{2}\int_\alpha^\beta r^2(\theta)\mathrm{d}\theta$。

议一议　讲一讲

问题 1：求椭圆 $\begin{cases}x=a\cos t\\y=b\sin t\end{cases}$ 的面积？

问题 2：求三叶玫瑰线 $r=a\cos3\theta$ 的面积。

三、旋转体的体积

一个平面图形绕这平面内的一条直线旋转所成的立体称为旋转体，该直线称为旋转轴。车床加工出来的工件，很多都是旋转体，常见的旋转体有圆柱体、圆锥体、圆台体和球体等，可用微元法求旋转体的体积。

下面讨论旋转体的体积。

设 f 是$[a,b]$上的连续函数，Ω 是由平面图形 $0\leqslant|y|\leqslant|f(x)|,a\leqslant x\leqslant b$ 绕 x 轴旋转一周所得的旋转体，那么易知截面面积函数为 $A(x)=\pi[f(x)]^2,x\in[a,b]$。由 $V=\int_a^b A(x)\mathrm{d}x$ 得到旋转体 Ω 的体积公式为：$V=\pi\int_a^b[f(x)]^2\mathrm{d}x$。

【例 14】 求由椭圆面$\frac{x^2}{a^2}+\frac{y^2}{b^2}=1$ 所围图形绕 x 轴旋转一周而成的旋转体(即旋转椭球体)的体积，如图 6-10 所示。

解：这个旋转椭球体也可以看作是由上半椭球 $y=\frac{b}{a}\sqrt{a^2-x^2}$和 x 轴围成的图形绕 x 轴旋转而成的旋转体，因此，椭球体的体积为

$$V=\int_{-a}^{a}\pi\left(\frac{b}{a}\sqrt{a^2-x^2}\right)^2\mathrm{d}x=\pi\frac{b^2}{a^2}\int_{-a}^{a}(a^2-x^2)\mathrm{d}x$$

$$=\pi\frac{b^2}{a^2}\left[a^2x-\frac{1}{3}x^3\right]\Bigg|_{-a}^{a}=\frac{4}{3}\pi ab^2$$

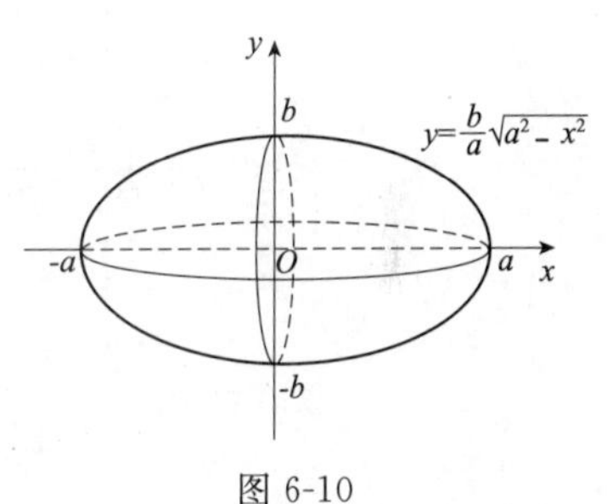

图 6-10

【例 15】 求由圆 $x^2+(y-b)^2=r^2(b>r)$ 围成的圆盘绕 x 轴旋转一周而成的旋转体(圆环体)的体积，如图 6-11 所示。

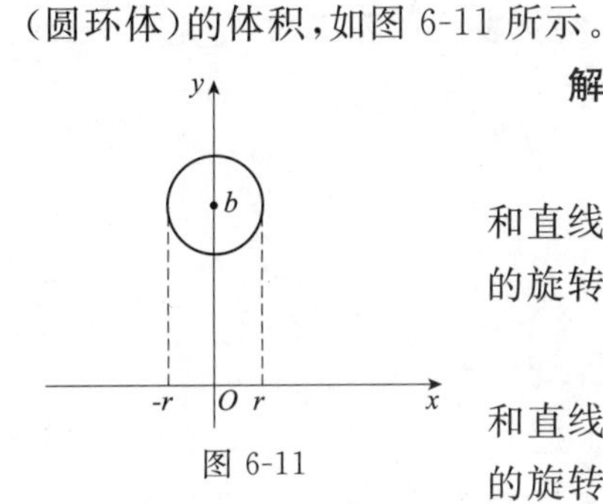

图 6-11

解：该圆环体可以看作是由上半圆

$$y=b+\sqrt{r^2-x^2}$$

和直线 $x=-r,x=r$ 以及 x 轴围成的平面图形绕 x 轴旋转而成的旋转体挖去由下半圆

$$y=b-\sqrt{r^2-x^2}$$

和直线 $x=-r,x=r$ 以及 x 轴围成的平面图形绕 x 轴旋转而成的旋转体后得到的立体，如图 6-11所示。因此，所求圆环体的体积为

$$V=\int_{-r}^{r}\pi\left(b+\sqrt{r^2-x^2}\right)^2\mathrm{d}x-\int_{-r}^{r}\pi\left(b-\sqrt{r^2-x^2}\right)^2\mathrm{d}x$$

$$=4\pi b\int_{-r}^{r}\sqrt{r^2-x^2}\mathrm{d}x=4\pi b\frac{\pi r^2}{2}=2\pi^2br^2$$

这里$\int_{-r}^{r}\sqrt{r^2-x^2}\mathrm{d}x=\frac{\pi r^2}{2}$可以直接利用定积分的几何意义得到(半圆的面积)。

【例 16】 求由曲线 $y=x^2$ 在$[0,1]$上的那段弧绕 x 轴旋转一周所得立体图形(图 6-12)的体积?

解：体积计算步骤如下：

第一步：选取积分变量为 $x\in[0,1]$，任取一个子区$[x,x+\mathrm{d}x]\subset[0,1]$。

第二步：以子区间$[x,x+\mathrm{d}x]$上的矩形绕 x 轴旋转的体积代替小曲边梯形绕 x 轴旋转的体积，得旋转体 V 的微元(图 6-13)即：$\mathrm{d}V=\pi y^2\mathrm{d}x$。于是：

$$\begin{aligned}V&=\int_0^1\pi y^2\mathrm{d}x\\&=\int_0^1\pi x^4\mathrm{d}x\\&=\left[\frac{\pi}{5}x^5\right]_0^1\\&=\frac{\pi}{5}\end{aligned}$$

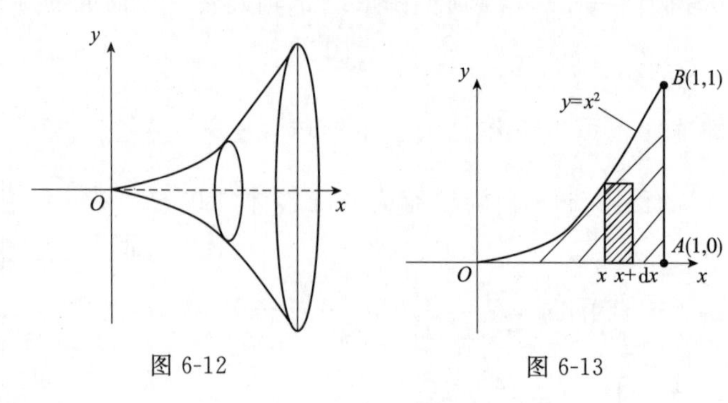

图 6-12　　　　图 6-13

四、实践应用

【例 17】 一辆汽车正以 10m/s 的速度匀速直线行驶，突然发现一障碍物，于是以 −1m/s 的加速度匀减速停下，求汽车的刹车路程。

解：因为 $v'(t)=a=-1$，两边从 $t=0$ 到 t 时刻积分

$$\int_0^t v'(t)\mathrm{d}t=\int_0^t -1\mathrm{d}t$$

得

$$v(t)-v(0)=-t$$

即

$$v(t)=v(0)-t=10-t$$

当汽车速度为零，即 $v(t)=10-t=0$ 时，汽车停下，解出所需要的时间为：$t=10\mathrm{s}$，再由速度与路程之间的关系，得汽车的刹车路程为

$$\begin{aligned}s&=\int_0^{10}v(t)\mathrm{d}t=\int_0^{10}(10-t)\mathrm{d}t\\&=(10t-0.5t^2)\Big|_0^{10}=50\mathrm{m}\end{aligned}$$

即汽车的刹车路程为 50m。

【例 18】 某种汽车一年中的销售速度 $v(t)=100+100\sin\left(2\pi t-\frac{\pi}{2}\right)$($t$ 的单位：月；$0\leqslant t\leqslant 12$)，求此汽车前 3 个月的销售总量。

解:由变化率求总改变量知商品在前 3 个月的销售总量 P 为

$$P=\int_0^3\left[100+100\sin\left(2\pi t-\frac{\pi}{2}\right)\right]\mathrm{d}t=\int_0^3 100\mathrm{d}t+\int_0^3 100\sin\left(2\pi t-\frac{\pi}{2}\right)\cdot\frac{1}{2\pi}\mathrm{d}\left(2\pi t-\frac{\pi}{2}\right)$$

$$=100t\Big|_0^3+\frac{100}{2\pi}\int_0^3\sin\left(2\pi t-\frac{\pi}{2}\right)\cdot\mathrm{d}\left(2\pi t-\frac{\pi}{2}\right)$$

$$=300-\frac{100}{2\pi}\left[\cos\left(2\pi t-\frac{\pi}{2}\right)\right]\Big|_0^3$$

$$=300$$

【例 19】 已知汽车作变速直线运动,在时刻 t(单位:h)的速度为 $v(t)=-t^2+2$ (单位:m/s),计算汽车在 $0\leqslant t\leqslant 1$ 时段内行驶的路程。

解:由于路程等于速度乘以时间即 $s=vt$,因为是变速直线运动,汽车行驶的距离就是图 6-14 中阴影部分的面积,即

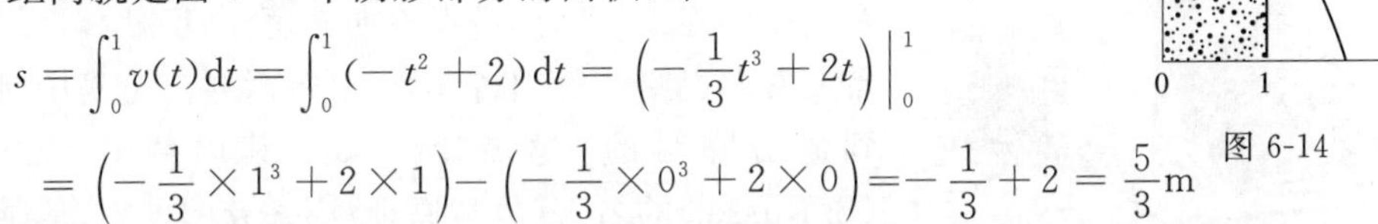

$$s=\int_0^1 v(t)\mathrm{d}t=\int_0^1(-t^2+2)\mathrm{d}t=\left(-\frac{1}{3}t^3+2t\right)\Big|_0^1$$

$$=\left(-\frac{1}{3}\times 1^3+2\times 1\right)-\left(-\frac{1}{3}\times 0^3+2\times 0\right)=-\frac{1}{3}+2=\frac{5}{3}\text{m}$$

图 6-14

【例 20】 汽车在加速到 160km/h 时,脱挡滑行,汽车在高速行驶时,阻力主要来自空气阻力,在其他阻力忽略不计且无风的情况下,求汽车减速至 120km/h 所需要的时间。

解:空气阻力 F_w 为

$$F_w=\frac{C_D A u^2}{21.15}$$

式中:F_w——空气阻力;

C_D——空气阻力系数设为 0.3;

A——迎风面积设为 1.4m;

u——汽车速度。

汽车质量 m,设为 1500kg,则

$$-\frac{\mathrm{d}u}{\mathrm{d}t}=\frac{F_w}{m}=\frac{C_D A u^2}{21.15m}$$

因为是减速运动,加速度$\frac{\mathrm{d}u}{\mathrm{d}t}$为负,$-\mathrm{d}t=\frac{21.15m}{C_D A u^2}\mathrm{d}u$

$$-\int\mathrm{d}t=\int_{160}^{120}\frac{21.15m}{C_D A u^2}\mathrm{d}u$$

$$-t=-\frac{42.3m}{C_D A u^3}\Bigg|_{160}^{120}=-\left(\frac{42.3m}{C_D A\times 120^3}-\frac{42.3m}{C_D A\times 160^3}\right)$$

所以

$$t=\frac{42.3m}{C_D A u^3}\Bigg|_{160}^{120}=\frac{42.3m}{C_D A\times 120^3}-\frac{42.3m}{C_D A\times 160^3}$$

代入前面参数值,即可求出。

【阅读材料】

华人数学家王浩

王浩(1921.5.21～1995)是美籍华裔数理逻辑学家、计算机科学家和科学家,生于山东省济南市。1939 年进入西南联大数学系学习,1943 年获学士学位后又入清华大学研究生院哲学部学习,1945 年以《论经验知识的基础》的论文获硕士学位。王浩在中学时代就对哲学有兴趣,念初中时他在父亲的建议下阅读过恩格斯的著作《反杜林论》和《路德维希·费尔巴哈与德国古典哲学的终结》。念高中时他偶然得到金岳霖写的《逻辑》(1935),其中约 80 页介绍罗素(B. Russel)的名著《数学原理》第一卷的内容,他感到这些内容既吸引人又容易懂,因此想:"应该首先尝试学习较容易的数理逻辑,为以后学习辩证法作较好的准备。"大学一年级时,他旁听了王宪钧的符号逻辑课,系统地学习了《数学原理》第一卷,并阅读希尔伯特—阿克曼的《数理逻辑基础》(1938 年版),以后又阅读了希尔伯特—贝尔纳斯的《数学基础》(两卷集,1934 年版)的第一卷。1942 年他听了沈有鼎讲授维特根斯坦(L. Wittgenstein,1889～1951)的《逻辑哲学论》(Tractatus,1921)课,阅读了卡纳普(R. Carnap)的《语音的逻辑句法》(1934 年版),并开始撰写关于休谟的归纳问题的论文。王浩在回忆这段紧张而有意义的学习生活时说:"1939 年到 1946 年我在昆明,享受到生活贫苦而精神食粮丰盛的乐趣,特别是因为和金[岳霖]先生及几位别的先生和同学都有共同的兴趣和暗合的视为当然的价值标准,觉得心情愉快,并因而能够把工作变成了一个最基本的需要,成为以后自己生活上主要的支柱。我的愿望是:愈来愈多的中国青年可以有机会享受这样一种清淡的幸福!"

1946 年,王浩前往美国哈佛大学,在那里见到了当代美国著名哲学家、逻辑学家奎因,并随即开始学习他创立的形式公理系统,不久就对该系统作出改进,其部分结果写成博士论文。根据奎因的建议,论文的题目取为《经典分析的经济实体论》。1947 年开始担任奎因的高等逻辑与语言哲学等课程的助教;1948 年获理学博士,并继续留在哈佛大学;1948～1951 年任初级研究员,1951～1956年任助理哲学教授。1949 年奎因暂离哈佛期间,王浩接替他开设高等逻辑课,用一种相当完备的方法介绍哥德尔的不完备定理。

1950～1951 年期间,王浩赴瑞士苏黎世联邦工学院数学研究所,从事博士后研究。1954 年以洛克菲勒基金会研究员的身份去英国;1954～1955 年在英国牛津大学主持第二届约翰·洛克哲学讲座;1956 年获牛津大学巴利奥尔学院硕士;1956～1961 年任牛津大学数学哲学高级讲师,期间曾主持一讨论班,讨论维特根斯坦的《对数学基础的看法》,牛津大学哲学家中的领头人物大多数参加了这个讨论班;1961～1967 年回到哈佛任数理逻辑与应用数学教授;1967 年以后在洛克菲勒大学任数学教授,并主持该校的逻辑研究室;1975～1976 年曾到普林斯顿高级研究所访问和工作。

1953 年起,王浩开始计算机理论与机器证明的研究。因为一方面他敏锐地感觉到被认为过分讲究形式的精确,十分繁琐而无任何实际用处的数理逻辑可以在计算机领域发挥极好的作用;另一方面由于新中国的成立,他想多学点有用的东西以便将来回来报效祖国。为此他曾兼任巴勒斯公司的研究工程师(1953～1954 年)、贝尔电话实验室技术专家(1959～1960 年)、IBM 研究中心客座科学家(1973～1974 年)等一系列职务。

1972 年以后,王浩数次回国。1973 年他写了《访问中国的沉思》,被报纸与杂志广泛刊载。1985 年兼任北京大学教授;1986 年兼任清华大学教授。

王浩曾发表 100 多篇论文。主要著作有:《数理逻辑概论》,其中收集了他在 1947 年至 1959 年期间写的关于数学基础、形式公理系统、计算机理论和数学定理机械化证明的一些研究论文和其他文章。《从数学到哲学》,作者试图用"实事求是论"(Substantial factualism)的观点阐述对一系列哲学问题,特别是数学哲学问题的看法,并对当今在西方世界影响甚大的分析哲学进行批判,书中还包括大逻辑学家哥德尔一些未发表的哲学观点,极有研究价值。《数理逻辑通俗讲话》有中英文两种版本,这是根据作者在 1977 年在中国科学院作的 6 次关于数理逻辑的广泛而通俗的讲演整理而成的。《超越分析哲学——公平对待我们具有的知识》(Beyond Analytic Philosophy——Doing Justiceto What We Know,1986),作者对分析哲学的代表人物罗素、维特根斯坦、卡纳普和奎因等人的思想观点作了详细介绍,并给予缜密的分析和有力的批判,主要论据是他们的哲学无法为人类现有的知识,特别是数学知识,提供基础。由于作者非常熟悉这 4 人的工作,甚至与其中一些人有直接交往,所以他的批判十分深刻。牛津大学的彼特·斯特苏森爵士(SirP. Strawson)评论到:"哲学家们对于王浩此书的主要的、深厚的兴趣在于它记录了一位极富才智、卓越和敏锐的哲学家对所谓'分析'或'英—美'哲学在本世纪经历的发展过程的看法。"王浩的书是对现代哲学史和元哲学的丰富、迷人的贡献。

王浩是美国艺术与科学学院院士,英国科学院外籍院士和符号逻辑学协会会员,1983 年在美国丹佛召开的由人工智能国际联合会会议和美国数学会共同主办的自动定理证明特别年会上,王浩被授予首届"里程碑奖",以表彰他在数学定理机械证明研究领域中所作的开创性贡献。提名时列举的主要贡献有:强调发展应用逻辑新分支——"推理分析",其对于数理逻辑的依赖关系类似于数值分析(numericalanalysis)对于数学分析的依赖关系;坚持谓词演算和埃尔布朗(Herbrand)与根岑(Gentzen)形式化的基本作用;设计了证明程序,有效地证明了罗素与怀特海(Whitehead)的《数学原理》中带集式的谓词演算部分的 350 多条定理;第一个强调在埃尔布朗序列(Herbrandexpansion)中预先消去无用项的算法的重要性;提出一些深思熟虑的谓词演算定理,可用作挑战性问题来帮助判断新的定理证明程序的效能。

参考文献

[1] 陈庆华.高等数学[M].北京:高等教育出版社,1999.
[2] 高峻嶒,王薇.高等数学[M].北京:机械工业出版社,2005.
[3] 冯健璋.汽车发动机原理与汽车理论[M].北京:机械工业出版社,2006.